金属材料の
疲労破壊・
腐食の
原因 と 対策

原理と事例を知って
不具合を未然に防ぐ

福﨑昌宏 著
Masahiro Fukuzaki

日刊工業新聞社

まえがき

　人類が金属材料を使用してきた歴史は古く、銅や鉄は数千年前までさかのぼることができる。現在では銅や鉄の他にもアルミニウム、マグネシウム、チタン、レアメタル、貴金属など様々な材料が生産されている。日用品などの身近な用途以外にも建築、自動車、鉄道、航空機、産業機械など、多くの産業分野で使用され、不可欠な存在となっている。

　近年の技術の進歩はめざましい。それに伴い金属材料に対する研究や開発も盛んに行われている。しかし、金属材料の基本となる結晶、転位などの理論を置き去りにして金属材料を使いこなすことは不可能である。そして、人の命に限りがあるように金属材料にも寿命がある。特に疲労・摩耗・腐食は機械部品の不具合原因としてよく取り上げられる。これらの不具合は、疲労の応力集中や腐食の電位差の他にも金属材料自身がもつ特性に大きく影響される。

　技術の進歩は金属材料そのものに限らず、金属材料を分析する機器・装置についても起きている。成分分析においては ppm、ppb レベルの微量な分析、電子顕微鏡ではナノレベルの微小な観察などが標準的に行えるようになってきている。分析機器は検出レベルが向上しただけでなく操作面でも改善され、試料をセットすれば結果が出てくるようになりつつある。これは短期間で技術者を育成できるなど良い効果があるが、同時に測定原理や装置構造などを意識し、勉強する機会が減少することにつながりやすい。

　また、例えば疲労破壊という一つの専門分野だけに知識がかたよっていると、計画や設計の段階で、金属材料に起こる可能性のある不具合を全て列挙することは困難である。さらに、金属製品は建築物や輸送機器など人の命に関わることが多いため、事故後に「想定できなかった」ではすまされないことも多い。そのため、金属材料の技術者は疲労や腐食など特定の専門性を持つことと同時に、全体を見通す広い知識も必要となる。

　疲労破壊、腐食、分析機器などは個別の専門書が数多く出版されているが、

一つのテーマの元にこれをまとめた書籍は少ない。そのため本書では、企業などで始めて金属材料を扱う研究者や技術者向けに金属材料の疲労破壊、腐食、分析についての基礎的な内容をまとめた。1章では過去の大きな事故について。2章では疲労破壊。3章では腐食。4章では鉄鋼、ステンレス鋼、アルミニウム合金、銅合金について。5章では金属材料の分析について。6章では不具合対策の進め方について記述した。

　金属材料についての専門知識はたいへん幅広く奥も深いが、本書では疲労破壊や腐食などの不具合に関する項目にとどめた。疲労破壊と腐食については実例を交えて基本から解説している。不具合が起きた時に主に使用される金属材料の分析機器についても様々な分析機器を紹介した。各分野の専門家からは物足りなさを感じる部分があるかもしれないが、入門書としての位置づけで本書を構成している。企業などで金属材料を扱う研究者や技術者に活用でき、また講演のテキストとしても使用できる内容の書籍としてまとめた。

　本書をまとめるにあたり、データのご提供を頂いた川重テクノロジー株式会社、新潟県工業技術総合研究所、総合バルブコンサルタント株式会社、旭化成エンジニアリング株式会社、株式会社WELDTOOL、西日本旅客鉄道株式会社には多大なるご協力とご理解をいただいた。ここに深甚なる謝意を表する。

　最後に、出版にあたり、日刊工業新聞社出版局の岡野晋弥氏には多大なるご配慮とご支援をいただいた。ここに深く感謝申し上げる。

2021年4月

福﨑　昌宏

目　　　次

1章　金属材料の不具合紹介

2章　疲労破壊の原因と対策

3章　腐食の原因と対策

4章　各種金属材料の特徴

5 章　金属材料の強度試験と分析方法

6 章　不具合調査方法

1章

金属材料の不具合紹介

　世の中に材料と呼ばれるものはたくさんある。金属、プラスチック、ゴム、木材、セラミックス、繊維などである。これらの材料は、それぞれの特徴を活かしつつ、様々な分野で活用されている。金属材料は他の材料と比較して、強度が高い、塑性変形が起こる、光沢がある、熱・電気をよく通すなどの特性がある。そのため金属材料は自動車、鉄道、航空機、船舶、建築、橋梁、電子機器、医療器具、日用品など、身の回りの様々なところで使用されている。

　金属材料が使用される環境は日常的な環境だけではない。自動車などの機械部品における使用環境は高速、高圧、高温、振動、腐食しやすい環境など過酷な条件が多い。もし金属材料で作られた製品が使用中に破損などの不具合を起こした場合、多額の損失だけでなく人命に関わる被害も発生する。

　そして残念なことに、金属の不具合が原因で人命に関わる事故はこれまでにも度々起きている。もちろん人命に関わるような大きな事故は、たった一つの技術的な理由だけではなく、それを運用する人、組織、ルールにも原因があることもある。それらはリスクマネジメントなどの技術分野として活用されている。そして事故調査ではこれらの直接原因や間接原因を詳細に調査する。本章では技術的に金属材料の破損が発生して事故につながった事例を紹介する。

1.1　金属不具合の歴史

　金属材料は大型建築物、自動車、船、航空機など、多くの人や物資を扱う製品に使用されている。金属材料に関する知識が十分に蓄積されていなかった時代では様々な不具合が起きていた。多くの人命や多額の損害が発生する事故は度々起きているが、事故をきっかけに様々な技術的・組織的な改善、改良が行われた側面もある。歴史的・技術的に重要とされる事故をいくつか振り返る。

1.1.1　1912年　タイタニック号沈没

　タイタニック号といえば、小説や映画など様々な形で語られているので、ご

図1.1　タイタニック号

　存知の方も多いだろう。**図1.1**に当時の写真を示す。1912年4月14日、イギリスのサウサンプトンからアメリカのニューヨークに向けての航海中、氷山に衝突して沈没した。2,000人以上の乗客、乗員のうち1,500人以上が犠牲となった、当時としては最大の海難事故である。犠牲者が多くなった組織的な原因としては、氷山の警告を無視して全速航海したこと、救命ボートの数が20隻、約1,100人分しかなかったこと、救命ボートに乗せた人が少なかったことなどがある。1980年代になって沈没したタイタニック号が発見され、備品や遺品などが引き上げられた。この時に衝突による船体の損傷がわかったのである。現在、深海に沈んだ船体を見ることができるが、あと100年もすればバクテリアによる腐食が進み、跡形もなく消滅すると言われている。

　タイタニック号沈没の技術的な原因は、船体をつなぐリベットの低温脆性破壊である。これは沈没した船体およびリベットを調査したことにより判明した。船体をつなぐリベットが破損したために、船体の鋼板のすき間から海水が浸水して沈没したのである。この時の海水の温度は−2℃程度といわれている。

　リベットは横方向の応力に弱く、**図1.2**のような形で破損した。それまでは氷山との衝突によって船体の鉄板そのものが破壊したという説が主流であったが、それは船体の調査によって否定された[1][2]。

　鉄は通常、応力や衝撃を負荷されると伸びや変形を起こしてから破壊する。

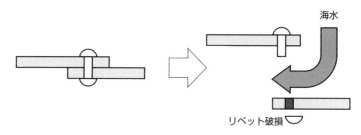

図1.2　リベット破損の模式図

これを延性破壊と呼ぶ。一方、低温脆性とは、鉄が温度の低下によってほとんど伸びずにガラスのように脆性的に破壊することである。鉄が延性破壊をする時と脆性破壊をする時の温度の境目を延性脆性遷移温度という。これはシャルピー衝撃試験によって評価される。低温脆性は鉄を含めた体心立方格子の金属に起こる現象である。そのため、アルミニウムのような面心立方格子の金属では低温脆性は起こらない。また、当時は鉄の低温脆性に対して技術的な知識が不足していた。低温脆性に対しての技術や知識が発達するのは、1940年代のリバティ船の事故が起こる頃である。

　遷移温度の上昇（低温脆性を悪くする）は、硫黄やリンなどの不純物介在物が多いこと、炭素や窒素などの元素が多いこと、結晶粒径が粗大なことなどが主な原因である[3]。タイタニック号の鉄については硫黄とリンが多かったこと、結晶粒が粗大だったことが低温脆性の原因とされている。硫黄やリンが多いのは鉄鋼の製錬技術が、結晶粒が粗大だったのは鋼板の圧延技術がそれぞれ未熟だったからといえる。その結果、$-2℃$の海水によって脆性破壊を起こしたのである。現在では製錬技術が進歩したため、硫黄やリンなどの不純物介在物は減少し、圧延技術の発達により結晶粒も細かくなったため、低温脆性の遷移温度は低下して$-2℃$程度の海水温度では低温脆性は起こらなくなった。

1.1.2　1942年　リバティ船の沈没

　第二次世界大戦中、アメリカはドイツのUボートから欧州の連合国を救うた

め、物資救援を行った。この時に量産化されたのがリバティ船である。しかし、約 2,700 隻製造したうち、約 400 隻の船体が破壊した。

　当時は戦争中のため、短時間で生産製造する必要があった。そのため、リバティ船の製造には、当時としては画期的なブロック工法と溶接が採用された。ブロック工法とは、製造を一括して行うのではなく、いくつかのパーツごとに製造して、最後に合わせる方法である。従来であれば鋼板の接合にはリベット接合が用いられるが、これには熟練した能力が必要で、時間がかかるという問題があった。そのため、短期製造を目的として、溶接が採用された。現在では、正しく溶接を行わないと溶接欠陥などが発生するので正しい溶接には熟練した能力が必要なことは明白だが、当時はそこまでの技術がなかった。このため、結果的に多くの不具合を発生させることになった。図 1.3 に当時の破壊した船体のイラスト、図 1.4 に破壊した船体の模式図を示す。

　船体破壊の主な原因は低温脆性、溶接欠陥、応力集中などである。低温脆性はタイタニック号の時に述べたように鉄鋼の製錬技術などの問題である。

　溶接の健全性や溶接欠陥の検出は現在でも重要なテーマである。溶接の問題点をいくつか挙げる。一つ目は、ブローホールなどの溶接欠陥が発生することである。溶接は材料の一部を溶解して接合するので、一種の鋳造と言える。ここに水分や汚れなどを巻き込むとブローホールが発生しやすくなる。二つ目は、

図 1.3　リバティ船破損のイラスト

図 1.4　リバティ船破損の模式図

溶接した組織の境目で割れやすいことである。溶接部は鋳造組織となり、溶接付近は加熱されるために熱処理を施したようになって、離れた箇所とは別の組織に変化する。このように、一つの構造物の中で複数の組織が混在して硬さなどの性質が変化するため、割れが発生しやすくなる。三つ目は、溶接部にはひずみ、変形、引張残留応力などが発生しやすいことである。溶接後、冷却する間に材料は熱収縮を起こすが、周囲の板や部材に拘束されているため、変形などが起こる。溶接にこのような問題が起こることは現在ではよく知られている。

　応力集中とは、構造物は常に均一の厚さや形状ではないため、角部などに応力が集中してそこから割れが発生することである。

　この事故分析によって製鉄技術や溶接技術が大きく向上した。製鉄技術では真空精錬の発達、連続鋳造が確立し、高品質なキルド鋼が活用できるようになったことで、鉄鋼製品の品質が向上した。溶接ではシールドガスによって水分や汚れの巻き込みを防ぐことができ、溶接欠陥が激減した。応力集中は現在では材料力学や破壊力学などの発展によって、き裂発生の応力について体系的にまとめられている。現在では低温脆性、溶接、応力集中などは、製品設計においてき裂が発生しやすい箇所として考慮され対策が取られる。その背景にはこのような大きな事故があったこと、事故原因を調査して改善・対策を行い技術が発達したことを忘れてはならない[2]。

1.1.3　1954 年　ジェット機コメットの空中分解

　イギリスのデ・ハビランド社のジェット機「コメット」は 1953 年から 1954 年の 2 年間で 3 回墜落した。コメットは 1952 年に定期運用が開始された。当初

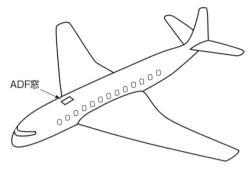

ADF窓

図 1.5　コメットの破損位置

は好評だったが、1953 年 5 月 2 日インド、1954 年 1 月 10 日イタリアのエルバ
島沖、1954 年 4 月 8 日イタリアのストロンボリ島沖と、3 回の墜落事故が起き
た。これらの墜落事故によってコメットに欠陥があることが明白になり、当時
のイギリス首相の指示により、RAE（ロイヤル・エアクラフト・エスタブリッ
シュメント、王立航空研究所）など国家を挙げての調査が行われた。

　回収した機体のパーツを調査したところ、胴体天井に取りつけられた ADF
（自動方向探知器）用の角型の窓枠から、疲労破壊の痕跡やクラックが発見さ
れた。その模式図を図 1.5 に示す。

　飛行機は陸上では機体の外と中で気圧の差はないが、飛行中、高度 12,000 m
の気圧は 0.19 気圧となる。しかし、機内は乗客・乗員がいるので、気圧を上げ
て 0.79 気圧にしていた。すなわち、外と内の圧力差は約 0.6 気圧である。する
と機体には飛行するたびに内側から圧力がかかり、引張応力が働くことになる。
この引張応力が疲労破壊を引き起こす。これはデ・ハビランド社も想定済で、
コメットに対しても、就航前に強度試験や耐圧試験を行っていた。しかし、そ
の試験方法が実際の飛行条件（応力条件）と合わなかったことが後に判明した。

　コメットは当初、機体の内圧試験と耐圧試験を同じ一機の機体で行っていた。
これが問題だった。内圧試験では飛行中の圧力差から 0.56 気圧の内圧を負荷す
る試験が行われたが、この時、1,000 回の内圧負荷のたびに倍の 1.12 気圧の過
圧試験も行われた。疲労破壊は小さなき裂から割れが進展するが、過圧が行わ
れると、圧縮応力が働き、き裂が押しつぶされる。すると見かけ上、疲労強度

が向上したように見えてしまう。当初は 18,000 回のフライトまでは疲労き裂が発生しないだろうと考えられていたが、1,230 回のフライトをした機体の内圧試験を実施したところ、わずか 1,830 回の試験で疲労き裂が発生した。実際のフライトと合わせて 3,060 回である。墜落した機体が 1,290 回、900 回のフライトだったため、墜落の原因が疲労破壊であるとみなされた[2]。

　この事故以降、航空機の試験方法や設計が大きく見直された。内圧試験と圧力試験は別の機体で行わなければならないこと、窓枠は必ず丸くして角をつけてはならないこと、一つの構造が壊れても別の機構が働くフェイルセーフという設計思想が取り入れられたことなどである。

1.1.4　1940 年　タコマナローズ橋の崩壊

　タコマナローズ橋は、アメリカ・ワシントン州の海峡タコマナローズに架かる吊り橋である。橋の中央スパンは 853 m、幅は車道と歩道合わせて 11.9 m であり、長さに対して幅は狭かった。1940 年 3 月 9 日に完成して、7 月 1 日に開通した。しかし、完成直後から風が吹く度に橋が大きく揺れることで話題になっていた。そのため風洞実験などの解析調査が行われていた。

　11 月 7 日、橋が大きく揺れていたため、ワシントン大学の研究チームが 16 mm フィルムで撮影を行った。橋桁はまず上下方向に毎分 36 サイクルで振動した。その後風速 19 m/s となり、橋桁がねじれるように毎分 14 サイクルの振動を起こした。その模式図を図 1.6 に示す。その揺れが 1 時間ほど続いた後

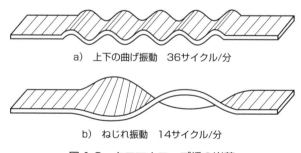

a)　上下の曲げ振動　36サイクル/分

b)　ねじれ振動　14サイクル/分

図 1.6　タコマナローズ橋の崩落

で、橋桁がちぎれて崩落した。この時の崩落の映像がインターネットでも閲覧
できるので、興味のある方はご覧いただきたい[2)4)]。橋の崩落時に、通行人や観
察していた技術者などはみな陸上へ避難しており、人的被害はなかった。研究
チームが橋が大きく振動している姿から崩落までを全て映像として記録してい
たため、風によって橋が振動することについて技術的知見が得られた。

　橋の断面形状はH型をしていたが、これが強度的に不足しており、たわみや
ねじれを起こしてしまったことが、原因の一つとして考えられる。しかし、一
番の原因は横風が発生した時の自励振動であった。自励振動とは、風や気流の
ように直接的に振動とは関係のない種類の力の影響を受けた時に、構造物自体
の特性によって振動の力に変換され、振動現象を引き起こすことである。発生
のメカニズムは、まず風が吹いた時に渦が形成され橋桁が振動する。その後、
橋桁が振動することによって新たな渦が形成され、橋桁を大きく振動させる。

　現在の橋では強度を増して補強するトラス形にするか、風を受け流すために
断面形状を翼形にするという対策が取られている。

　リバティ船、コメット、タコマナローズ橋は、工学的な失敗を教訓に技術が
発達した例としてよく言及されるので、本書でも取り上げた。技術の発達によ
りこのような事故は減少したが、完全にゼロにすることは難しい。設計者は金
属材料の不具合によって事故が起こりうることを常に意識しなければならない。

1.2　金属不具合の種類

　金属材料・機械部品の大きな不具合として、疲労、摩耗、腐食の3種類があ
る。疲労とはコメット墜落の時に述べたように繰返し応力負荷によって小さな
割れが進展して、最終的に構造物が破壊することである。摩耗は歯車やベアリ
ングのように2つの部品が面で接触しながら、厚さが徐々に減少していき、小
さな割れから面剥離などを起こすことである。腐食とは水や塩化物イオンなど
によって化学的に溶解していき、板厚減少や局部的な腐食から割れなどが起こ
ることである。これらはいずれも、時間の経過とともに小さな割れがゆっくり

進行して、ある日破壊などの大きな事故を引き起こすことがある。

　いずれの場合も起点となる小さな割れの発生から不具合は起こる。ほとんどの場合、材料的・機械的に弱い箇所（不純物介在物の偏析、溶接欠陥、応力集中など）を起点として発生する。しかし、実際の構造物では、このような箇所は一か所ではなく、複数存在することもある。その場合、どこを起点として割れが発生するかを予想するのは困難である。起点となりそうな箇所を全てチェックするしかない。日常点検ではまず目視検査を行うが、目視で割れが確認できないことも多い。表面や内部の割れ・欠陥の検査方法として、カラーチェックや超音波検査などの非破壊試験がある。

1.3　不具合の被害・損失

　建築物や自動車などの金属部品が不具合を起こした時の被害として、人的被害や多額の損害賠償が起こることは容易に想像できる。一方で、不具合が起こる前にリコールを起こす企業も近年多く見られる。リコール処理をすれば人的被害は未然に防げるが、経済的損失は免れない。しかし、事前に対策をとることで企業の社会的信用を保つことができる。また製造物責任法（PL法）では、製品の安全性に不具合があると証明されれば、損害賠償の対象になる。

　現代においても製品不具合を根絶することは困難であり、事故やリコールなどのニュースは度々見られる。設計技術者の責任が問われるのは、不具合内容を予想できたか、不具合を回避する設計がなされていたか、使用方法の解説、注意事項の説明などが行われていたか、などについてである。製造に関しては、図面・仕様書通りに製造できなかった時に何が起こるのかを把握していたか、なぜその図面・仕様書通りに製造する必要があるのかを認識していたか、などについてである。そして、大きな事故はたった一つの不具合から発生することよりも、多くの不具合が複合的に絡みあって起こることが多い。そこには技術的な側面だけでなく、不具合対応に取り組む組織的な側面も大きく影響する。

2章

疲労破壊の原因と対策

　金属材料の主要な不具合として疲労、摩耗、腐食の３種類があり、本章では疲労と摩耗を扱う。

　機械部品の破損の多くは金属疲労が原因とされている。それは常に一定の応力がかかることよりも、周期的な応力や振動が負荷されることが多いからである。例えば自動車であれば、一定の速度で動くだけではなく、加速や減速が頻繁に起きている。これが一つ一つの部品にとっては周期的な応力となる。金属疲労はこのような繰返し応力の発生によって引き起こされる。機械部品を設計する時は、金属疲労を意識して強度計算をしなければならない。

2.1　疲労破壊に関係する金属の基礎知識

　金属疲労は半世紀以上前のコメットの墜落以来研究されており、技術的知見も多く存在する。疲労破壊について理解を深めるためには、疲労現象だけではなく、金属材料についても理解する必要がある。疲労破壊は小さな割れの進行からはじまり、この時に金属内部の転位の動きや金属の強化理論が大きく影響するからである。そのため本節では金属の硬さや強度などの機械的性質について紹介する。

2.1.1　結晶構造

　金属は金属結合によって規則的に配列している。これが結晶構造である。金属の結晶構造は大きく体心立方格子（BCC：Body Centered Cubic lattice）、面心立方格子（FCC：Face Centered Cubic lattice）、稠密六方格子（HCP：Hexagonal Close Packed lattice）の３種類に分類される。金属元素はたくさんあるが、結晶構造は主にこの３種類にあてはまる。これらの構造を**図2.1**に示す。

　体心立方格子は立方体の各頂点と真ん中に原子がある。鉄やモリブデン、タングステンなどがこれに属する。面心立方格子は立方体の各頂点と各面の中心

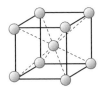 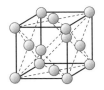

a) 体心立方格子（BCC）　　b) 面心立方格子（FCC）　　c) 稠密六方格子（HCP）
　鉄（フェライト）、　　　　銅、アルミニウム、金、　　チタン、亜鉛、
　モリブデン、　　　　　　　銀など　　　　　　　　　　マグネシウムなど
　タングステンなど

図2.1　金属の結晶構造

に原子がある。これは銅やアルミニウムなどが属する。稠密六方格子は六角形の結晶構造である。六角形の各頂点とその中心に原子がある。それを3層構造にしたものである。チタンや亜鉛、マグネシウムなどが、この構造を取る金属である。

　原子を球体として考えた場合、球体をすき間なく最も密な状態に配置した構造を最密充填構造という。面心立方格子と稠密六方格子は最密充填構造である。また、1つの原子に注目した時、その周りに何個の原子が接触しているかを表す項目として配位数がある。最密充填構造の時は配位数が12になる。さらに、結晶構造の格子の枠の中に原子がどれだけ詰まっているかを表す項目として充填率がある。面心立方格子と稠密六方格子の充填率はともに約74%、体心立方格子の充填率は約68%である。

　金属の特徴の大部分はこの結晶構造の影響をうけて決まる。もちろん同じ結晶構造でも金属によって特徴は異なるが、おおよその傾向は決まっている。例えば、硬さや引張強さは体心立方格子や稠密六方格子が強い。面心立方格子は硬さや引張強さはそれほど高くない。そのかわり、面心立方格子は伸びや加工性が良い。体心立方格子は硬いので加工はしにくいが、伸びの量は大きい。一方で、稠密六方格子には伸びはほとんどない。この硬さ、強度と伸び、加工性というのは相反する特性（トレードオフ）である。一般的に、金属は硬くなればなるほど伸びはなくなる。

2.1.2　転位とすべり運動

　金属原子は結晶構造に従って規則的に配列しているが、全ての金属原子が完全に規則的に配列しているわけではない。そこには必ず一定の乱れや欠陥が存在する。これを**図 2.2** に模式的に示す。大部分の金属原子は図 2.2 a) のように完全に配列した状態だが、一部の原子は図 2.2 b) のように、あるべき場所に金属原子が存在しておらず、すき間ができる。これを格子欠陥と呼ぶ。格子欠陥には主に以下の 3 種類がある[1]。

- ・点欠陥：金属原子が 1 個単位で抜けたり、余分に入り込んだりしている状態。原子空孔など。
- ・線欠陥：金属原子が線状に抜けている状態。転位など。
- ・面欠陥：金属原子が面状に抜けている状態。積層欠陥など。

　この中でも、転位は金属の強度や変形と関連しているため、非常に重要な概念である。転位の模式図を**図 2.3** に示す。元々は縦、横それぞれ 4 個の原子配列の中に、余分な原子配列が入り込んだものである。この時の原子配列のずれをバーガースベクトルといい、b で表す。

　転位には主に刃状転位とらせん転位の 2 種類がある。刃状転位は、図 2.3 のように結晶構造中に余分な原子面が入り込むような構造になる。一方、らせん転位は結晶構造がねじれるような構造になる。その模式図を**図 2.4** に示す。実際の金属材料では、刃状転位とらせん転位が組み合わさった混合転位という形

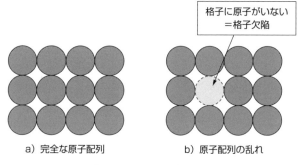

格子に原子がいない
＝格子欠陥

a) 完全な原子配列　　　　　　　b) 原子配列の乱れ

図 2.2　原子配列の乱れ

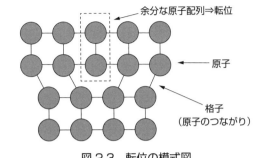

図2.3 転位の模式図

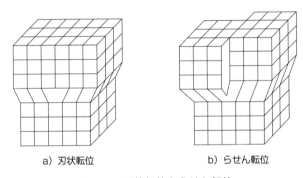

a) 刃状転位   b) らせん転位

図2.4 刃状転位とらせん転位

で存在することが多い。

　金属材料の塑性変形は、すべり面上をその上の金属原子面がすべり方向に動くことによって起こる。しかし、あるすべり面上の金属原子が全て同時に移動しているわけではない。実際は、すべり面上に存在する転位が1原子間隔ずつ段階的に動いているのである。この模式図を**図2.5**に示す。

　転位によって、原子を動かす応力（せん断応力）は1原子間隔程度の小さい応力で済む。この転位の移動は特定の面（すべり面）と特定の方向（すべり方向）に従って移動する。転位が動くと、金属原子も1つずつずれるが、ずれた先で再び結晶格子がつながり、元の状態と同じになる。このような転位の移動が進行すると、最終的には材料表面に到達する。この模式図を**図2.6**に示す。転位が材料表面に達すると、表面に段差が生じる。これが金属材料の転位と塑性変形の関係である。

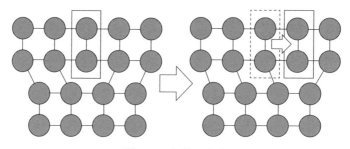

図 2.5 転位の移動

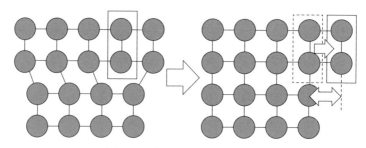

図 2.6 金属の転位と塑性加工

2.1.3 すべり系

　金属に曲げや圧延などの応力を受けて塑性変形が起きると、金属材料の内部では転位による金属原子の移動が起きる。この時、金属原子は単に応力方向に従って無秩序、不規則に移動しているわけではない。金属原子の移動には必ず規則性がある。それが金属のすべりである。すべりには、金属原子が移動する面を表したすべり面と、移動する方向を表したすべり方向がある。そして、すべり方向とすべり面を合わせてすべり系と呼ぶ。

　すべり系の模式図を**図 2.7** に示す。体心立方格子、面心立方格子、稠密六方格子のいずれの結晶構造でもそれぞれ特有のすべり系が存在する。**図 2.8** に各結晶構造の代表的なすべり面を斜線で示す。体心立方格子と面心立方格子は立方格子の斜めの面にすべり面がある。しかし、稠密六方格子はすべり面が横方向のみに存在し、縦方向にはすべり面がない。

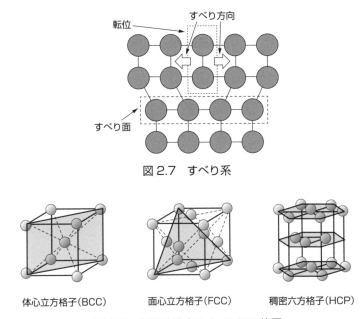

図2.7 すべり系

体心立方格子(BCC)　　面心立方格子(FCC)　　稠密六方格子(HCP)

図2.8 各結晶構造のすべり面の位置

　すべり面は金属原子が最も密に詰まった最密充填面であり、すべり方向は最密充填方向である。最密充填面がすべり面となるのはせん断応力が最少となるためである。材料が塑性変形するのに重要なのはマクロ的には応力であるが、ミクロ的にはすべり系に働くせん断応力である。

　すべりに対するせん断応力が一定以上の値（臨界せん断応力）になると、すべり運動が起きる。面心立方格子のすべり面やすべり方向は立方格子の上下、左右、斜めの方向にすべり運動が起きる。そのため、面心立方格子の金属は加工性がよい。反対に稠密六方格子は六方格子の平面すべりのみで、縦方向にすべり面はない。そのため、色々な方向にすべりが起きづらく加工性が悪い。体心立方格子は、結晶構造の斜め方向にすべり系があるため加工性はある。しかしすべり面が面心立方格子のように最密充填構造ではないため、すべりを起こす応力が面心立方格子よりも大きくなる。そのため、鉄のように硬く強い材料となる。そして、面心立方格子ほどではないが加工性はある。

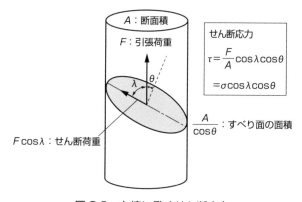

図 2.9　丸棒に働くせん断応力

　断面積 A の単結晶の丸棒に引張荷重 F が負荷された時のせん断応力 τ を考える。材料には軸方向に応力が負荷されるが、塑性変形が起こるためにはすべり面にせん断応力 τ が作用して、すべり運動を起こすことが必要である。その模式図を**図 2.9** に示す。ここで λ はすべり面と引張荷重の角度、θ はすべり面の法線と引張荷重の角度である。引張荷重のうちすべり面に負荷される荷重は $F \cos \lambda$ となり、すべり面の面積は $\dfrac{A}{\cos \theta}$ となる。この荷重を面積で割ることでせん断応力が求められる。これを式(2.1)に示す。

$$\tau = \frac{F}{A} \cos \lambda \cos \theta = \sigma \cos \lambda \cos \theta \qquad (2.1)$$

　σ は引張応力である。$\cos \lambda \cos \theta$ はシュミット因子と呼ばれ、最大値は $\lambda = \theta = 45°$ すなわち 0.5 である。すべり系の中でも、大きなシュミット因子をもつすべり系を主すべり系と呼ぶ。シュミット因子により、丸棒に引張応力を負荷した場合、最大のせん断応力は斜め 45° の向きに働くことを表す。

　金属材料の塑性変形には、すべり運動の他に双晶による塑性変形がある。双晶は、すべり系の少ない稠密六方格子や非常に大きな荷重がかかった場合などで起こりやすい。双晶による原子の移動を**図 2.10** に模式的に示す。双晶変形が起きると結晶格子が鏡面のように対称的に変形する。すべりにもすべり面やす

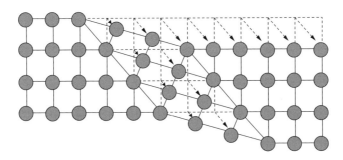

図2.10 双晶変形

べり方向があるのと同じく、双晶にも双晶面や双晶方向がある。双晶には加工や変形によってできる双晶と、焼なました材料に現れる焼なまし双晶がある。焼なまし双晶は銅合金などによく見られる組織である。

2.1.4 金属の強化方法

　金属材料を建築物や自動車の骨格やフレームなど、構造材料として使用する場合、強度や硬さは非常に重要な性質である。強度や硬さは日常的、感覚的になじみのある性質だろう。

　強度は「変形に対する抵抗」と言い換えられる。金属材料の変形は主に転位運動によって起こる。そのため、金属材料を強くすることは、転位運動をどのように妨げるかに関わっている。理論上、転位を完全になくした金属材料は高強度になるが、それは現実的ではないため、ほとんど考慮されない。実際の金属材料の強化では、転位の動きを妨げることを目的としている。そして、転位の動きを妨げる方法は大きく4種類ある。この4種類の強化方法を組み合わせて金属材料を強化している。

固溶強化
　1つ目は固溶強化である。固溶とは材料中に異なる種類の元素が添加され、母材と添加元素が均一に混ざり合って一つの相となっている状態を指す。

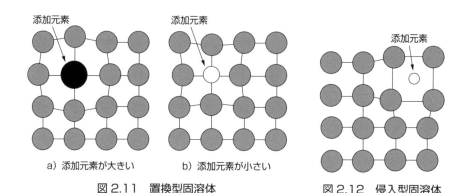

図2.11　置換型固溶体　　　　図2.12　侵入型固溶体

　原子のサイズはそれぞれ決まっていて、同じサイズの原子は存在しない。そのため、母材と添加元素の原子サイズが同じになることはなく、異なる元素を添加して固溶体を作れば必ず結晶構造がひずむ。結晶構造がひずむことで、材料は強化される。そして、原子サイズの差が大きいほど結晶構造が大きくひずむため、より大きく強化される。

　固溶体の種類には、元々の結晶構造の原子と添加元素の原子が入れ替わる置換型固溶体と、元々の結晶構造のすき間に入り込む侵入型固溶体がある。この模式図を**図2.11**、**図2.12** に示す。

　置換型固溶体は原子サイズの差が小さい場合に起こる。図2.11 a）は添加元素が周りの原子よりも大きい場合である。この時、添加元素の周りには圧縮応力が働く。反対に図2.11 b）は添加元素が周りの原子よりも小さい場合である。この時、添加元素の周りには引張応力が働く。

　図2.12の侵入型固溶体は結晶構造を大きくひずませるので置換型固溶体よりも強化される。侵入型固溶体は炭素や窒素などの比較的小さい原子が当てはまる。固溶強化の傾向として、強化量は添加元素の量に対しておよそ直線的に増加する傾向がある。

析出強化

　2つ目は析出強化である。粒子分散強化ということもある。これは材料中に

硬い粒子を微細分散させて転位の動きを妨げることである。例えばアルミニウム合金の1つであるジュラルミンはこの析出強化によって高強度になる。

　材料中に硬い粒子が存在すると、転位は多くの場合、この硬い粒子をせん断して通過することができない。そのため、硬い粒子の周りに転位が止められるところと、その周りを通過して転位が張り出すところができる。その模式図を**図2.13**に示す。このまま転位が進むと、転位が硬い粒子の周りにループを残して通過する。これをオロワン機構とよび、この時に硬い粒子を通過する応力をオロワン応力と呼ぶ。その模式図を**図2.14**に示す。オロワン応力は粒子間距離が狭くなればなるほど大きくなる。その関係式を式(2.2)に示す。

$$\tau = \frac{Gb}{\lambda} \qquad (2.2)$$

τ：オロワン応力
G：剛性率
b：バーガースベクトル
λ：粒子距離

　式(2.2)では粒子のサイズについて特にふれられていない。しかし、実際の析出粒子の多くはサイズが小さくなるほど粒子間距離も狭くなる関係があるため、粒子サイズを細かくすることが結果として析出強度に良い影響をおよぼしている。

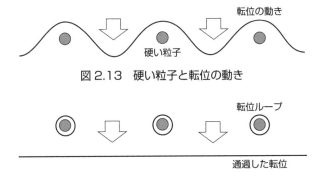

図2.13　硬い粒子と転位の動き

図2.14　オロワン機構

　また、時効析出硬化において時効時間をかけすぎることで強度が低下する、過時効とよばれる段階がある。これは、最も強度が出る時の析出物の状態から、析出物が大きくなりすぎて、粒子間距離も広くなり、オロワン応力が低下するために起こる現象である。

転位強化

　3つ目は転位強化である。金属材料に降伏応力以上の応力を与えると塑性変形を起こす。この時、ひずみの増加とともに応力値も増加する。これが一般的な加工硬化現象である。

　加工硬化が起きる時、材料内では多くの転位が導入されている。多量の転位が材料内にあると、転位同士の相互作用が起こる。その結果、不動転位と呼ばれる状態になる。この模式図を**図2.15**に示す。これは多量の転位の相互作用によって転位が固定され、それぞれの転位が動けなくなることである。不動転位ができると、周りの転位はそこを通ることができないため、転位のすべり運動が起きにくくなる。

　転位強化と加工硬化はニュアンスが似ているものの、材料強化方法としては転位強化と呼ぶ。加工硬化は圧延や鍛造によって材料が硬くなることである。塑性加工量が多くなるほど不動転位の量も多くなるため、より硬くなる。そして加工量が多くなるほど伸びは減少していく。

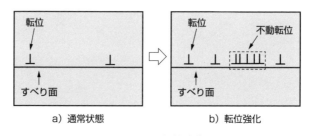

図2.15　転位強化

結晶粒微細化による強化

　4つ目は結晶粒微細化による強化である。一般的な金属材料は、全ての金属原子が同じ結晶構造の向きでそろっているわけではなく、結晶粒と呼ばれる粒子が多く見られる構造をしている。これを多結晶材料と呼んでいる。結晶粒の中では、基本的に同じ向きで金属原子が並んでいるが、隣の結晶粒ではその向きが異なる。一方で、全ての金属原子が各結晶構造に従って同じ方向にそろって配列している材料は単結晶と呼ばれている。特殊な製造方法で意図的に単結晶材料を作ることもある。

　結晶粒の中での転位のすべり運動についての模式図を**図2.16**に示す。転位が隣の結晶粒に移動するためには結晶粒界を通らなければならない。しかし、結晶粒界を通過するためには通常よりも大きな応力が必要になる。したがって、転位にとって結晶粒界は隣の結晶粒のすべり面に移動するための障害物になる。そのため、結晶粒界が多いほど、また、結晶粒が細かいほど転位を動かす応力が大きくなるため材料が強化される。

　結晶粒径と降伏応力の関係についてはホールペッチの関係式がある。これを式(2.3)に示す。降伏応力と結晶粒径の関係について定量的に表している。

$$\sigma_y = \sigma_0 + \frac{k_y}{\sqrt{d}} \qquad (2.3)$$

σ_y：降伏応力

σ_0：定数

k_y：定数

d：結晶粒径

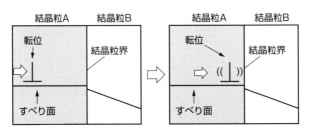

図2.16　結晶粒微細化と転位の動き

2.2　材料と応力

　機械部品には様々な応力が負荷される。一定の応力が常に負荷される時もあれば、応力負荷状態と無負荷状態が繰返し起こる時もある。応力とは、材料に負荷された力（荷重）を断面積で除した値である。マクロ的に材料と応力を扱う時は、材料の断面積に負荷される応力を考える。そしてミクロ的に材料と応力を扱う時はすべり面上に存在する転位を動かすためのせん断応力を考える。これを踏まえて材料と応力について見ていく。

2.2.1　応力の種類

　疲労破壊は応力とき裂について重要な関係がある。そのため、応力とき裂について考えるにあたって、材料力学的な知識が必要になる。き裂を扱う材料力学や破壊力学は非常に広範囲にわたる。ここではその中でも、疲労破壊に特に関係のある応力の種類、応力集中、き裂の負荷モードという3項目について簡単に説明する。

　まず応力の種類である。マクロ的に材料にかかる応力を取り扱う場合、応力の種類を明確にすることは重要である。材料にかかる応力には縦、横、高さの3軸方向があり、その応力が材料のどの位置に負荷されているかによって主に以下の5種類に分けられる。この模式図を**図2.17**に示す。

1. 引張・圧縮
2. 曲げ
3. ねじり
4. せん断
5. 接触

　この5種類のうち、1～3の引張・圧縮、曲げ、ねじりは丸棒など1個の部品にかかる応力として扱うことができる。一方、4のせん断、5の接触は2個以上の部品にあてはまる。例えば2枚の板をボルト締結した時に、板が反対方向に

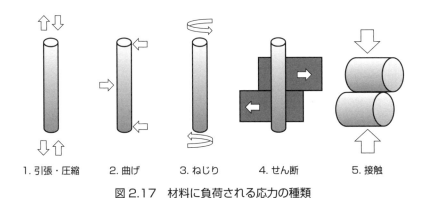

1. 引張・圧縮　　2. 曲げ　　3. ねじり　　4. せん断　　5. 接触

図2.17　材料に負荷される応力の種類

引張られると4のせん断応力が働く。5の接触は歯車の歯面やベアリングの摺動面などがあてはまる。

　金属疲労を扱う時に、材料にこの5種類のうち、いずれのタイプの応力が負荷されているかを判断することが重要になる。それは、応力の種類によってき裂の進行方向や破壊の形態が異なるからである。また、実際の機械部品などには、これら5種類の応力が、単体ではなく2種類以上組み合わさって作用することもある。

2.2.2　応力集中

　材料力学では材料の形状や断面積を一定として計算することが多いが、実際の機械部品は平行な断面ばかりではない。それに加えて、小さいキズや加工の凹凸などにより、わずかながら断面積に変化がある。このように、製品にかかる応力が一様ではない時に、応力集中と呼ばれる現象が起こる。その模式図を図2.18に示す。

　一枚の板に引張応力を負荷した状況を考える。図2.18 a）のように材料が均一であれば、材料内部の応力の方向やその量は均一になる。このときの応力を表す線を力線と呼ぶ。水の流れのようなイメージである。

　次に、図2.18 b）のようにき裂がある場合を考えてみる。き裂部分に応力は

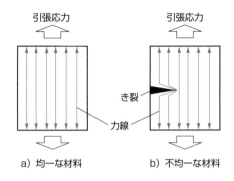

図 2.18　応力集中

負荷されないため、残りの断面積で応力を受けることになる。この時、き裂から離れたところはき裂の影響をほとんど受けない。しかし、き裂付近ではき裂の周りを力線が避けるような流れになる。これが応力集中である。そして、き裂が鋭利になるほど応力集中の度合いが増加する。反対にき裂がゆるく先端が丸くなるほど応用集中の度合いが低下する。応力集中によって、たとえ材料全体にかかる応力が降伏応力以下の応力であったとしても、き裂付近では降伏応力を超えてしまい、塑性変形が始まる。疲労破壊は、このようなき裂から進行する。

2.2.3　き裂の負荷モード

　き裂による応力集中が材料にとって重要であるため、き裂にかかる応力について見ていく。材料にかかる応力の種類として引張・圧縮、曲げ、ねじり、せん断、接触の5種類を挙げたが、き裂の負荷モード、き裂にかかる応力の種類では3種類になる。その模式図を図 2.19 に示す。

　モードⅠは引張形式である。材料に引張・圧縮応力が負荷された時は、き裂にも引張・圧縮応力が働く。また材料に負荷される応力が曲げ応力であっても、き裂に働く応力としては引張・圧縮になる。モードⅡはせん断形式である。材料にせん断応力が負荷された時に、き裂の位置によってモードⅡが起こる。例えば、ボルトなどの棒状の材料に、2方向から応力が負荷された時などに起こ

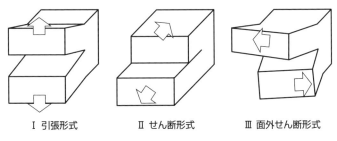

Ⅰ 引張形式　　　　Ⅱ せん断形式　　　　Ⅲ 面外せん断形式

図 2.19　き裂の負荷モード

る。モードⅢは面外せん断形式である。これは、モードⅡのせん断形式の向き
が変化したタイプである。モードⅡと同様、ボルトに 2 方向から応力が負荷さ
れた時や、ねじれ応力が負荷された時に起こる。

2.3　疲労試験

　材料の疲労強度を調査するため、繰返し応力を負荷する疲労試験がある。疲
労試験は応力負荷の方法によって引張圧縮式、ねじり式、回転曲げ式、平面曲
げ式、ローラーピッチング式などの種類がある。これは材料に負荷される応力
の種類が異なるため、最も重要な応力の種類に対して疲労試験を行う必要があ
るからである。いずれの疲労試験でも応力負荷、無負荷（または逆方向の応
力）を繰返し行い、疲労破壊を起こすまでの応力負荷回数を測定する。
　疲労試験の結果は S-N 曲線としてまとめられる。S-N 曲線を図 2.20 に示す。
縦軸に応力値、横軸に対数目盛で繰返し数をプロットする。炭素鋼の場合、
100 万回から 1,000 万回程度の繰返し数になると、それ以降はどれだけ応力負荷
を行っても疲労破壊しない疲労限度という現象が表れる。疲労限度以下の応力
を負荷しても疲労破壊を起こさないと見なされ、設計上非常に重要な応力とな
る。一方、アルミニウム合金などの S-N 曲線を図 2.21 に示すが、炭素鋼の様
な明確な疲労限度を示さない。そのため、低応力でもいずれは疲労破壊を起こ
すことになる。

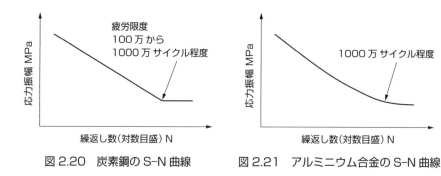

図 2.20　炭素鋼の S-N 曲線 　　　図 2.21　アルミニウム合金の S-N 曲線

2.4　疲労破壊の破面の特徴

　疲労破壊した破面パターンの例を図 2.22 に示す。疲労破面は材料の強度や応力の種類、大きさによって様々な破面になる。疲労破壊にはまず起点がある。ここには起点となる欠陥や表面の応力集中などがある。そして起点の周辺にはへき開破面、内部起点による疲労破壊の場合はフィッシュアイと呼ばれる模様が観察される。次に繰返し応力によって割れの進行が起こる。割れが進行する過程で、ストライエーションやビーチマークなどの模様が形成される。最後に断面積が減少した結果、応力に耐えられず最終的に破断する。この部分は、材料の強度によって延性的な破面や脆性的な破面が見られるが、破壊の形態としてはほとんど塑性変形が見られない脆性破壊になる。ただし、最後破断部だけ

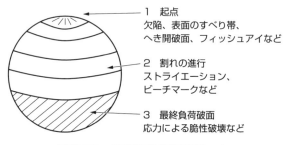

図 2.22　疲労破壊の破面パターン

は多少の伸びが見られることもある。

2.4.1 すべり帯

　これら疲労破壊で見られる破面や特徴について見ていく。まずは表面すべり帯である。その模式図を**図 2.23**に示す。

　これは表面や内部に起点となる欠陥や不純物介在物が少ない場合に見られる。疲労過程では繰返し応力が材料に負荷される。理論的には降伏応力以下では材料は塑性変形しないが、表面の応力集中や局部的な偏析、結晶粒径の粗大化な

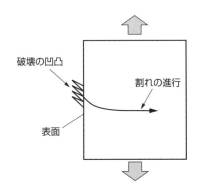

図 2.23　すべり帯による疲労破壊

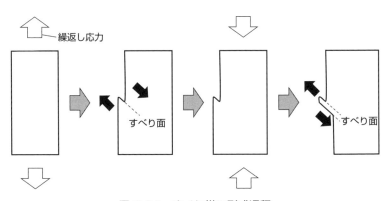

図 2.24　すべり帯の形成過程

どにより、局所的に降伏応力を超えて塑性変形を起こす箇所が現れる。その場合、表面付近ですべり運動が起きて、表面に細かい凹凸や段差ができる。

　一度表面に露出した段差は酸化されてしまうため、逆方向の応力をかけても元には戻らず、別のすべり線から変形が起きる。この過程を図2.24に示す。これをすべり線、またはすべり線が集まった状態としてすべり帯と呼ぶ。この凹凸や段差が表面起点となって、ここから疲労破壊が進行していく。

2.4.2　すべりとへき開

　すべりとは、材料がすべり面やすべり方向に沿って塑性変形することである。例えば丸棒の材料に引張応力が負荷されていた場合、すべりによる変形であれば、図2.9のように斜め45度にせん断応力が作用してすべり変形が起きる。それに対してへき開とは、主に起点付近に見られる脆性的で滑らかな破壊である。

　すべりとへき開のどちらが優先的に起こるかは材料の状態によって異なる。最大の垂直応力は軸方向の垂直断面方向に発生する。もし、垂直応力が材料の断面を結合する応力より大きくなると、断面は脆性的に破壊する。すべりによるせん断応力よりも小さい応力で垂直断面が破壊する時に、その破面にへき開破面が観察される。材料に引張応力、曲げ応力、ねじれ応力を負荷した時の、すべり変形による破面とへき開による破面の位置関係を図2.25に示す。

　鉄の場合、すべり面は原子が多い面であるが、へき開面は原子が少ない面になる。へき開破面をへき開ファセットとも呼ぶ。平坦で鏡のような面になるのが特徴である。

　へき開破壊は結晶粒の特定の結晶面で起こる。結晶粒は互いに結晶の向きが異なるため、へき開破壊は1つの結晶粒から隣の結晶粒に進行する時に向きが変化する。また、へき開破壊によるき裂は1箇所だけでなく、多くの場所で発生する。そのき裂が進行するにつれて結合していく。その模式図を図2.26に示す。これは破面として観察した時にリバーパターンという模様として現れる[2]。また、へき開面があまり明確ではない時は擬へき開破面と呼ばれる。擬へき開破面の例を図2.27に示す。

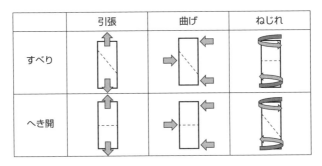

	引張	曲げ	ねじれ
すべり			
へき開			

図 2.25 すべりとへき開の破面の位置関係

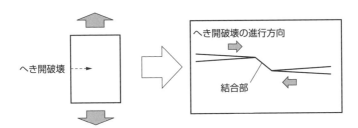

図 2.26 へき開破壊の進行

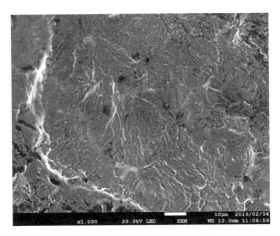

図 2.27 擬へき開破面の例

2.4.3　フィッシュアイ

　フィッシュアイは、主に内部起点破壊の周辺に見られる模様である。浸炭や高周波焼入れなどの熱処理をした鋼は表面が硬いため、内部から破壊を起こしやすい。この時に観察されるのがフィッシュアイである。起点を中心に放射状の跡が観察される。主に不純物介在物や内部欠陥などが起点となる。このフィッシュアイ周辺はへき開破壊のような滑らかな破面となるため、周りと色合いが異なる。フィッシュアイの例を図 2.28 に示す。

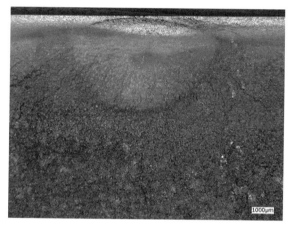

図 2.28　フィッシュアイの例

2.4.4　ストライエーション

　材料に繰返し応力負荷がかかることでき裂が進行して、ストライエーションと呼ばれる破面が形成される。破面の特徴は μm オーダーの細かい段差が観察されることである。ストライエーションは疲労破壊の特徴的な破面として知られている。

　ストライエーションの発生過程には、き裂と繰返し応力が関係している。き裂先端に引張応力が負荷されると、き裂先端ですべり変形が起きる。その後圧

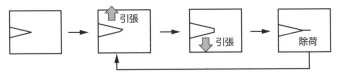

図 2.29　ストライエーションの進行

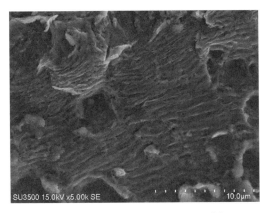

図 2.30　ストライエーションの例

縮応力が負荷されると、逆方向にすべり変形が起きる。これが新しいき裂（ス
トライエーションの1間隔）になる。そして、再度応力が加わる時に新しいき
裂先端からストライエーションの進行が起こる。この模式図を**図 2.29**、**図 2.30**
に示す。ストライエーションの1つの間隔は、応力の1サイクルと一致する。
そのため、ストライエーションの間隔と応力負荷の回数から疲労過程を考察す
る方法もある。

2.4.5　ビーチマーク

　ビーチマークも、割れの進行で見られる特徴的な破面の1つである。き裂周
辺から最終破断部の間に、目視で確認できる破面模様である。
　き裂の進行が一定ではなく、例えば、繰返し応力負荷がいったん停止すると、
停止している間に破面が酸化する。そして再びき裂が進行すると、そこでも破

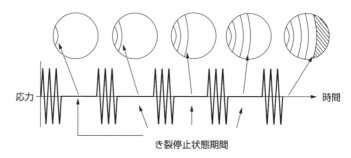

き裂停止状態期間

図 2.31　ビーチマークの進行

（川重テクノロジー株式会社）

図 2.32　ビーチマークの例

面の酸化がおこるが、その前段階で破面が酸化した個所と比較して、酸化物の厚さに差が出る。それが徐々に模様となっていく。すなわち、ビーチマークは繰返し応力と応力の負荷停止が交互に起こることで現れる。この模式図を**図 2.31**、**図 2.32** に示す[3]。そのため、常に一定の速度でき裂が進行する場合には、ビーチマークはほとんど現れない。ビーチマークは貝殻マーク、シェルマークなどと呼ばれることもある。

2.4.6 延性破面と脆性破面

　延性と脆性の違いは明確である。延性とは応力を負荷された時に伸びやひずみが生じることである。そして、破壊した時には元の形状と異なっている。反対に脆性とは応力を負荷された時にほとんど伸びやひずみが見られないことである。そのため破壊した時にはほとんど元の形状を保っている。感覚的に両者の違いは明確であるが、現実的に延性と脆性の明確な境目を決めることは難しい。その理由は、マクロ的な延性・脆性とミクロ的な延性・脆性があるからである。マクロ的にひずみがほとんど無視できるような破壊であっても、ミクロ的には破面に延性的な伸び（ディンプル）が観察されることがある。本書では延性破壊・脆性破壊の境目をマクロ的な伸びやひずみを基準に決めることとした。また、ミクロ的な延性・脆性に対しては延性破面・脆性破面と呼び区別することとした。この関係性を**表 2.1** に示す。

　単結晶の丸棒に引張応力を与えると、**図 2.33** のようにななめ方向にすべり変形（塑性変形）が起こる。これは図 2.9、図 2.25 に示したシュミット因子や

表 2.1　延性・脆性について

マクロ的	延性破壊	脆性破壊	
ミクロ的	延性破面	延性破面	脆性破面
破面の特徴	くびれなど	ディンプルなど	粒界破面、へき開破面 擬へき開破面など

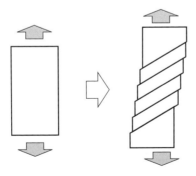

図 2.33　単結晶への引張応力

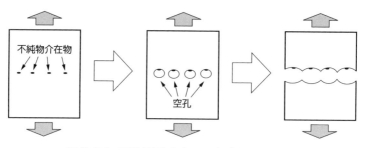

図2.34　延性破面（ディンプル）の形成過程

すべりによる破面の方向と同じである。このような斜め方向のすべり変形が
様々な方向から発生すると、材料が細くくびれていき、応力集中を起こして最
終的に破断する。へき開破壊よりも小さい応力ですべり変形が起こる時に、こ
のような伸びを伴う延性破壊が起こる。

　ミクロ的な延性破面は、その形態からディンプルと呼ばれる。延性破面（ディ
ンプル）の形成過程を図2.34に示す。ディンプルの起点となるのは、不純物介
在物などの小さな欠陥である。材料に応力が負荷されると、母材と不純物介在
物のはく離が起こる。はく離によってできたすき間を空孔という。空孔は応力
によって徐々に成長し、やがてとなりの空孔と合体して一つになる。これが一
つの断面積全体に広がることで材料の破断が起こる。ディンプルの起点となっ
た不純物介在物は破面に残る場合もあれば、破断時に剥がれ落ちることもある。
材料中に残った不純物介在物は、破面観察時にディンプルの奥に観察できる。

　脆性破面はミクロ的な破面においても伸びがほとんど見られない。脆性破面
には、粒内から脆性的に破壊する粒内破面と、粒界から脆性的に破壊する粒界
破面がある。2.4.2で記述したへき開破面は一種の粒内破面とも言える。へき開
の破面は結晶粒界ではなく、結晶粒のへき開面と呼ばれる場所である。

　粒界破面は材料の結晶粒に沿って破壊が起こる。その模式図を図2.35に示す。
粒界破面は不純物介在物の偏析などによって起こる。遅れ破壊、応力腐食割れ、
焼戻し脆性などの破壊によって観察される。図2.36に破面観察として延性破面、
擬へき開破面、粒界破面の例を示す。それぞれ、延性破面は細かいディンプル、
擬へき開破面は全体的に平らな破面、粒界破面は結晶粒が確認できる。

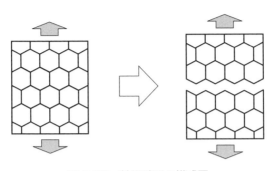

図 2.35　粒界破面の模式図

延性破面 （ディンプル）	脆性破面	
	擬へき開破面	粒界破面
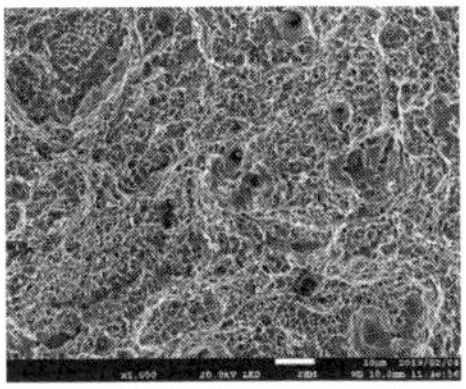	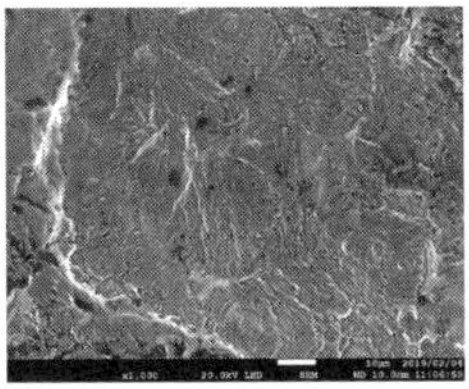	

図 2.36　延性破面、脆性破面の SEM 観察

2.5　フレッティング摩耗

　機械部品の中には歯車やベアリングなど、他の部品と面接触するものも多い。このような部品の疲労についてはこれまで述べたような割れの他に、接触面の摩擦・摩耗やピッチング・フレッティング損傷などが起こる。

　これらは材料表面の皮膚がめくれたような損傷である。大きさは約数 mm、深さ約数百 μm 程度である。ピッチング・フレッティングにおいても応力集中や疲労破壊の起点を扱うが、2 種類の部品が接触するので摩擦係数などの表面粗さや、オイルの潤滑などの要因も新たに考慮する必要がある。これについてはトライボロジーの分野において詳細に説明されている。

　破壊の起点としては表面または内部である。接触面では小さな割れが多数発生するので、これが表面破壊の起点になる。また最大応力場は表面直下ではなく、接触面の下側の約数百 μm の位置に存在する。内部から破壊が起きる時はこの最大応力場から起こる。

2.6　疲労強度向上の対策

　疲労破壊には応力集中などの機械的・形状的な要因の他にも、金属組織や結晶粒径など冶金的な要因も影響する。疲労破壊の第1段階として割れの起点が発生、第2段階として割れの進行、第3段階として部品の最終的な破壊が起こる。この段階のうち、第3段階では急速に破壊が進行するため、これを防ぐ効果的な手法はほとんどない。そのため、疲労破壊の対策として、第1、第2段階の起点および割れの進行をどのようにして防ぐか、ということに注目する。

　金属材料で疲労破壊の起点となるのは、主に酸化物や硫化物などの不純物介在物、そして鋳造欠陥や溶接欠陥などの小さい欠陥・割れなどである。不純物介在物や欠陥の発生過程はある程度限られているため、対策を取ることができる。また、このような欠陥が存在しても、周りの金属素地が強化されていると、欠陥や割れの進行が進みにくくなる。これには結晶粒微細化などによる材料強化方法や硬さ、圧縮残留応力、材料の延性・脆性などが影響する。

　疲労破壊に関係する冶金的因子は、強度などのように高いほど良い項目と、欠陥などのように少ないほど良い項目に分けることができる。それを**表2.2**に

表2.2　疲労破壊に影響する冶金的要因

良い影響	悪い影響
・硬さ向上	・応力集中がある
・圧縮残留応力の付与	・不純物介在物がある
・表面粗さが滑らか	・偏析がある
・材料強化を行う	・内部欠陥がある
・負荷応力を下げる	・脆性的である
・延性的である	

示す。高いほど良い項目は、結晶粒微細化や硬さなど、材料ごとにおおよその上限がある。また、硬さは高くしすぎると、伸びや延性がなくなり、材料が脆性的になる。そのため、これらの項目は強度と伸びのバランスを考慮して材料設計する必要がある。逆に、少ないほど良い項目はその量を減らすことが最も効果的である。しかし不純物介在物などを完全になくすことはできない。これらはできる限り減らした上で、残った量を微細分散させることが実用的な対策になる。微細分散させることで欠陥部分の応力集中を緩和できる。

2.6.1　不純物介在物

不純物介在物の種類は様々だが、ある程度温度を上げると凝集しやすいことや、凝固の冷却速度を速くすると微細になる傾向がある。その理由の一つは、微細に分散するよりも一つに凝集した方が、物質の表面積が減少するからである。温度を上げる（熱を加える）と、拡散現象によって不純物介在物が金属内部で動きやすくなり、一つに凝集しやすくなる。また、冷却速度を速くすることで微細になるのは、凝集する時間を少なくできるからである。

大きな内部欠陥や溶接欠陥などは、一度発生すると有効な対策を取ることが難しい。しかし、サブミクロンレベルの欠陥であれば、熱間鍛造などを行い、外部から応力を加えることでつぶせることもある。

熱処理割れ、溶接割れなどの表面に現れる割れは応力集中につながる。そのため、熱を上げすぎない、冷却を早くしすぎない、応力をかけすぎないといったことに注意して、割れを発生させないことが重要になる。

また、孔食などの局部腐食によって表面に凹凸が生じたために応力集中が起きることもある。腐食と応力による割れとしては応力腐食割れが代表的である。表2.3に疲労破壊の起点になる欠陥についてまとめた表を示し、図2.37に不純物介在物が起点となった疲労破壊の例を示す。

表 2.3　疲労破壊の起点になる欠陥

不純物介在物	欠陥	表面欠陥
酸化物 硫化物など	引け巣 溶接欠陥 焼結不良など	すべり帯 キズ、割れ 腐食など

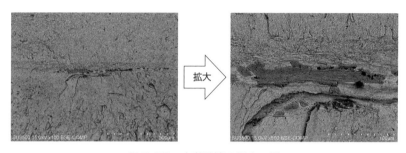

図 2.37　疲労破壊の起点の例

2.6.2　硬さ

　材料の硬さが疲労破壊に与える影響は大きい。硬さとは材料表面が異物など
によって変形やキズがつく時の、変形のしにくさ、キズのつきにくさ、と言い
換えることができる。つまり表面が硬い材料ほど変形が少なくキズがつきにく
い、軟らかい材料ほど変形が大きくキズがつきやすいと言える。この模式図を
図 2.38 に示す。

　表面の変形やキズは応力集中につながる。すると、軟らかい材料ほど変形や
キズによって応力集中を起こしやすく、疲労破壊の起点ができやすくなる。逆
に、硬ければ変形やキズも起きにくくなり、応力集中しづらい。また、すべり
帯も発生しにくくなる。

　硬さは、表面の変形やキズだけでなく、割れの進行速度にも影響する。硬い
材料ほど割れの進行が遅く、軟らかい材料ほど割れの進行が速くなる。この模
式図を図 2.39 に示す。

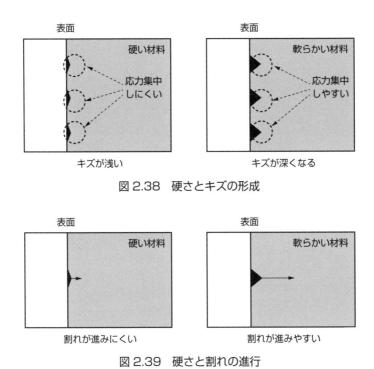

図 2.38 硬さとキズの形成

図 2.39 硬さと割れの進行

2.6.3 残留応力

　疲労強度を向上させるために圧縮残留応力を付与することは有効である。そ
れは圧縮残留応力が働いていると、材料に割れが発生した時に、割れを押さえ
つけるように材料自身が働くからである。

　圧縮残留応力を付与する方法として、ショットピーニングや高周波焼入れが
ある。これらの方法を行うと、圧縮残留応力を付与できるだけでなく、硬さも
向上する。そのため、疲労強度向上のためによく使用される。

　ただし、残留応力には圧縮の他に引張もあることに注意する必要がある。引
張残留応力が付与されている場合、割れが発生した時に、割れを自ら広げるた
め破壊しやすくなる。圧縮残留応力と引張残留応力の違いについて**図 2.40** に
示す。溶接などの加工で引張残留応力が付与されるときは注意が必要である。

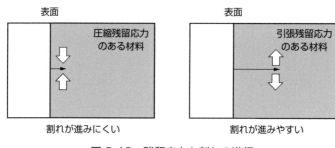

図 2.40　残留応力と割れの進行

引張残留応力の緩和には熱処理によるひずみ除去などが有効である。

2.6.4　材料強化方法

　金属組織的に疲労強度向上のためには、硬さ向上や圧縮残留応力の付与が有効である。そのための加工方法をいくつか紹介する。

鍛造加工

　鍛造加工によってひずみが加わり加工硬化され、材料は硬くなる。また結晶粒はつぶれ、鍛造加工独特の鍛流線とよばれる組織ができる。これは鍛造加工した形状にあわせて、組織の繊維が途切れることなくつながるものである。その模式図を切削加工品と比較して図 2.41 に示す。この鍛流線は曲げ加工に強い性質を持つ。切削加工などを行うと、材料中の組織に不連続が起こるため、

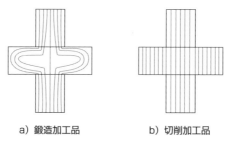

a）鍛造加工品　　　　　b）切削加工品

図 2.41　鍛造の鍛流線

鍛造加工に比較して強度は弱くなる。

浸炭

　鋼の表面に炭素を侵入させて焼入れすることで、表面をマルテンサイト組織にして硬くする。浸炭処理として固体浸炭法、液体浸炭法、ガス浸炭法、プラズマ浸炭法などがある。浸炭をはじめとした鋼の表面硬化処理の一例を**表2.4**に示す。浸炭しても材料内部はフェライト−パーライト組織のままであり、表面は硬く、内部は軟らかい。その結果強度と靭性を兼ね備えた材料ができる。

　浸炭による最高硬さや硬化深さは処理条件によって異なるが、ミリ単位の深さまでマルテンサイト組織にすることができる。また、マルテンサイト組織の詳細は後述するが、多量の炭素を取り込むため結晶構造が体心立方格子から縦長の体心正方格子となる。その結果、材料の体積がフェライト−パーライト組織の時よりも膨張する。もし、材料全体がマルテンサイト組織になれば全体的に体積が膨張する。一方、表面がマルテンサイト組織で内部がフェライト−パーライト組織の場合、表面のみ体積膨張が起こる。しかし、元々一つの材料であり、表面の体積膨張に対して内側の体積に変化はないため、表面の体積膨張する力が内側から拘束される。その結果、表面のマルテンサイト組織には圧縮残留応力が発生する。浸炭する鋼種をはだ焼き鋼と呼ぶこともある。浸炭によって炭素量を上げるので、はだ焼き鋼の炭素量は0.2％程度の低い量であることが多い。

表2.4　鋼の表面硬化処理

名称	硬化深さ	特徴
浸炭	数mm	表面から炭素を拡散させて焼入れし、表面をマルテンサイトにする。
高周波焼入れ	数mm	表面を高周波で加熱して焼入れして、表面をマルテンサイトにする。
窒化	数十〜数百μm	表面から窒素を拡散させて、窒化鉄の層を形成する。
ショットピーニング	数百μm	鋼球をぶつけることで表面を塑性加工させて、圧縮残留応力を付与する。

高周波焼入れ

　炭素を入れずに表面を加熱、急冷することで、材料表面をマルテンサイト組織にして硬くすることである。加熱には誘導加熱コイルを使用する。材料表面に誘導加熱コイルを設置して高周波電流を流すと、材料表面に誘導電流が発生し、抵抗熱によって加熱される。加熱されるのは材料表面のみとなり、これを焼入れすることでマルテンサイト組織にして硬くする。また浸炭は電気炉などで数時間かけて処理するのに対して、高周波焼入れは製品一つにつき数分で処理できる。高周波焼入れも表面がマルテンサイト組織、内部がフェライト–パーライト組織となるので、マルテンサイト組織には圧縮残留応力が発生する。

窒化

　浸炭では鋼の表面から炭素を添加したのに対して、窒化では窒素を添加する。窒化にはガス窒化、ガス軟窒化、プラズマ窒化、浸硫窒化などの種類がある。窒化された鋼は硬度は高いが、深さは数十 μm 程度の薄い硬化層（窒化鉄）と数百 μm 程度の拡散層からなる。硬化層は白層と呼ぶこともある。そして、浸炭や高周波焼入れは加熱温度が A_1 変態点以上のオーステナイト温度域で行うのに対して、窒化ではオーステナイト温度まで温度を上げずにフェライト温度域で処理を行う。そのため、浸炭処理に比べてひずみが少ない。

　窒化処理は耐摩耗性の向上に行われることが多い。はだ焼き鋼には SCr 鋼、SCM 鋼、SNC 鋼などの種類があるが、窒化用の鋼は JIS では SACM 鋼（アルミニウム–クロム–モリブデン鋼）のみが規定されている。

ショットピーニング

　ショットピーニングとは、鋼材表面に硬い球をエアー圧力によって高速で衝突させて機械的に加工する処理である。材料には塑性変形が起こり、ひずみが蓄積される。表面は塑性変形するが内部は影響を受けない。そのため表面の塑性変形が内部によって拘束される。その結果、材料表面に圧縮残留応力が発生する。圧縮残留応力の大きさや深さは、使用する球のサイズや衝突速度、圧力などの条件によって変化する。ショットピーニングや浸炭などの熱処理は、そ

れぞれが代表的な疲労強度向上の加工ではあるが、両者を合わせることでより高い疲労強度を持つこともできる。

2.7　実際の不具合事例

疲労破壊について金属材料の機械的性質や金属組織の観点から解説してきたが、いくつかの不具合事例を紹介する。

2.7.1　低温脆性

低温脆性は1章で述べたタイタニック号やリバティ船の事故の原因でもある。鉄鋼材料が低温下で衝撃荷重を受けると、ヘコミや曲げのような塑性変形を起こさずに脆性的に破壊する現象である。

鉄鋼材料は温度によって、衝撃に対する吸収エネルギーが変化する。鉄鋼材料をドライアイスや液体窒素などで冷却すると、吸収エネルギーが低下して、ほとんど塑性変形を起こさずに脆性破壊を起こす。材料が延性破壊から脆性破壊に変化する温度を延性脆性遷移温度という。鉄鋼材料の温度と吸収エネルギーの変化を図2.42に示す。延性脆性遷移温度は材料の結晶粒径やリン、硫黄などの不純物介在物によって変化するため、明確に決められた温度ではない。また、延性脆性遷移温度は鉄鋼材料の他に体心立方格子の材料に見られる現象で

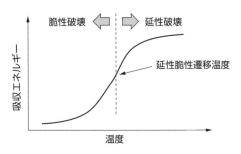

図2.42　吸収エネルギーと温度の関係

ある。一方、アルミニウムなどの面心立方格子の材料には見られない現象である。低温脆性はシャルピー衝撃試験の吸収エネルギーによって評価される。

2.7.2　焼戻し脆性

　鉄鋼材料の脆性現象は低温時以外に、熱処理を行った時にも起こることがある。それが焼戻し脆性である。焼戻し脆性はいくつかの温度域で、それぞれ異なる原因によって発生する。**表 2.5** に焼戻し脆性の種類を示す。

　青熱脆性のひずみ時効とは、炭素や窒素などの元素が原因で起こる現象である。炭素や窒素のような小さい元素は、侵入型固溶体として鉄鋼中に存在する。この時に炭素や窒素によって転位が固着され動きにくくなる。これをコットレル効果という。ここで降伏応力以上の応力を負荷すると炭素や窒素が転位の固着から解放されるが、時間が経過すると再び炭素や窒素が転位と固着するようになる。これがひずみ時効である。この時に応力を負荷すると、転位の動きが固着されているので伸びが減少し、割れやすくなる。

　青熱脆性以外の脆性は主に粒界に不純物元素や化合物が偏析することによって脆性になる。

　焼戻し脆性の事例として、1970 年に日本で、1974 年にアメリカで起きたタービンロータのバースト事故についてふれる。どちらの事故も発電機用のタービンバーストが回転中に破裂して多くの負傷者や損害を出した事故である。日本の事例では死傷者も出ている。

表 2.5　焼戻し脆性の種類

種類	温度	特徴
青熱脆性	200〜300 ℃	C、N が転位に固着するひずみ時効による。
赤熱脆性	900 ℃以上	融点の低い S などの不純物元素が粒界に MnS として偏析することによる。熱間加工中に起こる。
低温焼戻し脆性	約 300 ℃	ほぼ全ての鋼種に起こる。薄片状のセメンタイトの析出または青熱脆性と同様の機構。
高温焼戻し脆性	450〜650 ℃	P、As、Sn、Sb などの不純物元素が粒界に偏析することによる。炭素鋼にはほとんど起こらない。

　当時はタービンロータの大型化を進めていた時期でもある。使用された鋼材は、中心に硫化マンガンなどの不純物介在物や微小な欠陥（ミクロポロシティ）が集まりやすく、中心部は除去されていた。しかし、大型鋼材を熱処理すると中心部は冷却が遅くなる。その結果、タービンロータの中心部付近で焼戻し脆性が発生した。これが高速回転中に割れて破損したのである[4)5)]。

2.7.3　溶接残留応力

　溶接には色々な種類があるが、一般的な溶融溶接は材料の一部を加熱溶解して、他の材料と接合する加工だと言える。溶接の種類にはアーク溶接、レーザー溶接、プラズマ溶接などがある。溶接は自動車や鉄道など様々な分野で行われている加工である。溶接は見た目上は一体物として接合されているが、その組織は図2.43に示すように主に溶接部、熱影響部、元材に分けられる。溶接部と熱影響部の境目は結晶粒が粗大化しやすい。そして溶接の材料への影響は組織だけではなく、ひずみなどの溶接残留応力として表れる。

　溶接のプロセスは熱の入熱過程とその後の冷却過程がある。入熱時には材料は熱膨張を起こすが、溶接部周辺の材料によって拘束されるのでその影響は小さい。しかし、溶接後の冷却で起こる熱収縮は溶接部周辺の材料に影響されないので、溶接部には引張残留応力が発生する。その模式図を図2.44に示す[6)]。

　溶接部の不具合から起こった事例として、2017年に起きた新幹線の台車き裂発生をあげる。この事例は製造の品質管理や運輸などについて様々な議論がなされたが、き裂自体は新幹線台車の溶接部から発生したため、ここに取りあげ

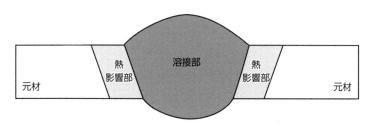

図2.43　溶接断面組織

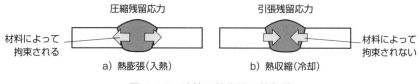

図2.44　溶接の熱膨張と熱収縮

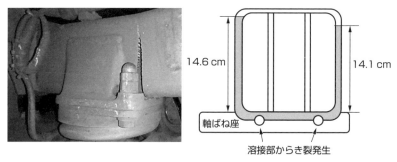

（写真提供：西日本旅客鉄道株式会社）

図2.45　新幹線の台車に発生したき裂

る。これは新幹線としては初の重大インシデントとして認定された。博多発東京行きの新幹線の運行中に乗務員が異臭や異音に気付き、名古屋駅で確認したところ、油漏れや台車枠組み部分にき裂が発見された。

　台車は高さ 17 cm×幅 16 cm という正方形に近い形状で内部に2本の補強材が入れられていて、板厚は7〜8 mm だった。台車にはコの字のようにき裂が入った。その模式図を**図2.45**に示す。この台車は溶接にて製造されるのだが、その時に台車下側部と軸ばね座材の取り付け精度が悪く、鋼材を薄く削って溶接を行ったこと（最も薄いところは 4.7 mm だった）、肉盛り溶接によって残留応力が生じたことが原因として推定される。本来であれば、35 年ほど使用できる製品が、わずかな期間で大きなき裂を発生させた。この案件は国土交通省の運輸安全委員会が報告書を公表しているので、経緯などの詳細は参考にされたい[10]。

3章

腐食の原因と対策

　腐食は金属材料の主要な不具合の一つである。腐食反応は、金属材料の性質のなかでも電位差やイオン化傾向など、電気化学的性質が大きく影響する。

　腐食には様々な種類があり、材料の一部または全体が溶出して板厚が薄くなったり、腐食生成物を生成したりする。一般的に赤さびと呼ばれる現象も腐食反応の1つである。身近な腐食の例としては、手入れの行き届かない水回りのさび、街中のガードレールのさびなどがあり、腐食は身近に起こる金属の不具合でもある。身近なさびを図3.1に示す。

図3.1　街中で見かける鉄さび

3.1　腐食に関係する金属の基礎知識

　腐食が起こる根本の原因である電気化学反応とは、電子やイオンなどの電荷を含めた化学反応の一種である。一般的な電気分野では電流や電圧（＝電位差）などを扱い、腐食においても同様である。

　電流は、電子やイオンの移動が起こる時に発生する。この電子を動かす力となるのが電圧である。腐食反応のモデルを議論する時に電子やイオンの移動する流れや方向を元に考えると、腐食現象をとらえやすい。

　また腐食反応では電池などの電源は存在しないので、金属板と水などの周囲の環境によって自然に電位差が発生することで電子やイオンが移動する。電位差には必ずペアとなる物質が存在する。それは金属と環境、または金属と別の

金属という場合もある。

3.1.1　周期表

自然界に存在する物質はすべて、**図 3.2** の周期表に示される 118 種類の元素から構成されている。周期表は原子番号順に並べられ、縦方向を族、横方向を周期と呼ぶ。原子番号は電子および陽子の数と同じである。周期表の族が同じ元素はその化学的、物理的性質が類似する傾向がある。また第 7 周期の元素の多くは人工的に作られた元素である。

周期表の元素を分類すると、金属元素、半導体・半金属元素、非金属元素の 3 種類に分けることができる。金属元素のうち、第 1 族はアルカリ金属、第 2 族はアルカリ土類金属（ベリリウムとマグネシウムを除く場合もある）、第3族から第 11 族までは遷移元素と呼ばれている。元素の種類としては金属元素が多く、身の回りの金属として鉄、銅、アルミニウム、マグネシウム、チタンなどがある。シリコン、ゲルマニウムなどの半導体元素は、半導体産業で多く使用されている。

半導体元素は、導電体と絶縁体の中間の電気的特性があることから半導体と呼ばれる。金属元素は通常、電気をよく通す導電体である。半導体元素は温度

周期＼族	1	2	3	4	5	6	7	8	9	10	11	12	13	14	15	16	17	18
1	1 H																	2 He
2	3 Li	4 Be											5 B	6 C	7 N	8 O	9 F	10 Ne
3	11 Na	12 Mg											13 Al	14 Si	15 P	16 S	17 Cl	18 Ar
4	19 K	20 Ca	21 Sc	22 Ti	23 V	24 Cr	25 Mn	26 Fe	27 Co	28 Ni	29 Cu	30 Zn	31 Ga	32 Ge	33 As	34 Se	35 Br	36 Kr
5	37 Rb	38 Sr	39 Y	40 Zr	41 Nb	42 Mo	43 Tc	44 Ru	45 Rh	46 Pd	47 Ag	48 Cd	49 In	50 Sn	51 Sb	52 Te	53 I	54 Xe
6	55 Cs	56 Ba	LA	72 Hf	73 Ta	74 W	75 Re	76 Os	77 Ir	78 Pt	79 Au	80 Hg	81 Tl	82 Pb	83 Bi	84 Po	85 At	86 Rn
7	87 Fr	88 Ra	AC	104 Rf	105 Db	106 Sg	107 Bh	108 Hs	109 Mt	110 Ds	111 Rg	112 Cn	113 Nh	114 Fl	115 Mc	116 Lv	117 Ts	118 Og

LA	57 La	58 Ce	59 Pr	60 Nd	61 Pm	62 Sm	63 Eu	64 Gd	65 Tb	66 Dy	67 Ho	68 Er	69 Tm	70 Yb	71 Lu
AC	89 Ac	90 Th	91 Pa	92 U	93 Np	94 Pu	95 Am	96 Cm	97 Bk	98 Cf	99 Es	100 Fm	101 Md	102 No	103 Lr

1 H	非金属
6 C	半導体・半金属
13 Al	金属

図 3.2　周期表

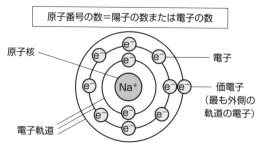

図 3.3　ナトリウム原子の構造

によって絶縁性にもなれば、導電体にもなる。一般的な半導体は温度が低いと電気をほとんど通さないが、温度が上昇すると電気を通す。絶縁体はガラスやゴムなど、基本的に電気が流れない材料である。非金属元素は酸素、窒素などの常温ではガス状の元素が見られる。非金属元素のなかで第18族は希ガスと呼ばれ、化学的に非常に不活性なガスである。

　原子の構造模式図を図3.3に示す。例としてナトリウム原子を取り上げた。原子の中心には陽子と中性子から構成される原子核があり、その周りを電子が周回している。原子の重さは陽子と中性子の数によって決まる。電子の質量は陽子や中性子よりも非常に小さいため、ほとんど無視される。陽子はプラスの電荷、電子はマイナスの電荷を持っている。陽子と電子の数は同じため、原子全体として電気的中性を保っている。

　そして、電子軌道には規則性がある。電子軌道は内側からK殻、L殻、M殻……と続いていき、それぞれの電子軌道に入れる電子の数は決まっている。例えばK殻は2個、L殻は8個、M殻は18個である。そして一番外側の電子軌道を最外殻といい、最外殻にある電子を価電子という。

3.1.2　原子とイオン

　腐食とは、金属が水や塩化物イオンなどが存在する環境において溶出したり、腐食生成物などを生成することと表現できる。例えば鉄の場合、屋外に放置す

ると表面がいわゆる赤さびで覆われる。この赤さびは腐食生成物の一種である。材料の種類や環境などによって腐食形態は様々に変化する。

　多くの金属原子は電子の軌道を考えた場合、最外殻に数個の電子がある（価電子）。金属原子の価電子の数は1から3個程度のことが多い。電子軌道は最外殻の電子が8個の状態が最も安定する。この状態をオクテットという。ネオンやアルゴンなどの希ガスの元素は、このオクテット構造のため非常に安定している。

　例えばナトリウム原子は最外殻のM殻に電子が1個ある。最外殻に1個の電子がある状態は不安定である。この時、もしM殻の1個の電子を放出すれば、L殻の8個の電子が最外殻となり、電子軌道的に安定する。この最外殻の電子を放出して、最外殻をオクテットにした状態（原子によっては電子を取込む時もある）をイオンと呼ぶ。この模式図を**図3.4**に示す。その時の反応式を式(3.1)、鉄の場合の反応式を式(3.2)のように表現する。

$$\mathrm{Na} \rightleftharpoons \mathrm{Na^+} + \mathrm{e^-} \qquad (3.1)$$

$$\mathrm{Fe} \rightleftharpoons \mathrm{Fe^{2+}} + 2\mathrm{e^-} \qquad (3.2)$$

　ナトリウムがオクテットになる場合、電子を1個放出する。この時は元素記号に「＋」だけを表記して1は省略する。鉄は2個の電子を放出するので、元素記号の上側に「2+」と表記する。この数字は放出した電子の数を表している。そして、この数字を酸化数や価数などと呼ぶ。

　また原子の中には塩素や酸素のように価電子の数が多く、電子を取り入れた

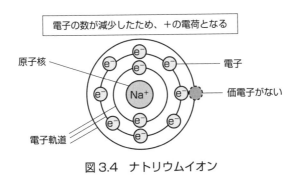

図3.4　ナトリウムイオン

方がよい原子もある。それは式(3.3)、式(3.4)のように表現する。

$$Cl + e^- \ \rightleftharpoons \ Cl^- \qquad (3.3)$$

$$\frac{1}{2}O_2 + 2e^- \ \rightleftharpoons \ O^{2-} \qquad (3.4)$$

　塩素や酸素は電子を取り入れてマイナスイオンとなる。塩化物イオンの模式図を**図3.5**に示す。プラスイオンと同様に、元素の上の数字は取り入れた電子の数を表す。

　腐食反応では酸化還元反応を扱う。単に金属と酸素が反応するだけでなく、電子の授受によって金属がイオン化することも酸化還元反応と呼ぶ。電子を放出して、鉄イオンのようにプラスイオンになることは酸化反応である。そして電子を受取り、酸素イオンのようにマイナスイオンになることは還元反応である。

　原子が電子を受け取ったり、放出したりすることは、酸化数の変化として現

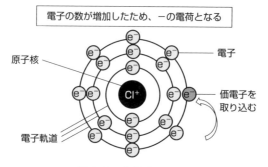

図 3.5　塩化物イオン

表 3.1　酸化数の定義

1	単体を構成する原子の酸化数は 0 である
2	単原子からなるイオンの酸化数は、イオンの価数（電荷）に等しい
3	酸素原子の酸化数は原則的に −2 である
4	水素原子の酸化数は原則的に +1 である
5	電荷を持たない化合物の、全原子の酸化数の総和は 0 である
6	複数の原子で構成されるイオンの、全原子の酸化数の総和は、イオンの価数（電荷）に等しい

れる。そのため酸化数の定義が必要になる。酸化数の定義を**表**3.1 に示す。酸化数が増加することは酸化反応となり、酸化数が減少することは還元反応となる。

3.1.3 化学結合

2個以上の原子が集まり集合体を形成する時、原子の間には結合力が働く。この結合を化学結合と呼ぶ。化学結合は主に金属結合、イオン結合、共有結合の3種類がある。

金属結合

金属原子は金属結合によって結合している。金属結合の模式図を**図**3.6 に示す。金属原子が接近すると、お互いの価電子を放出し、金属イオンになる。この時、同じ金属イオンは電気的力（クーロン力）によって反発するが、放出した価電子がそれぞれの金属イオンの周囲を自由に移動するようになる。電子はマイナスの電荷を持つため、プラスの金属イオンとの間に働くクーロン力によって結合する。

金属結合において放出された価電子はある特定の原子のものではなく、どの金属イオンにも属さずに金属イオンの周囲を自由に移動する。この価電子を自由電子と呼ぶ。そのため、ある価電子が特定の金属イオンの価電子である、という関係はなくなる。また、金属イオンの位置が入れ替わっても、入れ替わる前と全く同じ状態になる。

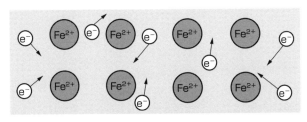

図 3.6　金属結合

　金属の特徴の多くはこの金属結合に由来している。金属結合に由来する1つ目の特徴は、塑性変形ができることである。原子には位置関係がないので、応力などによって原子の位置が移動しても、元の場所に新しい原子が来ればそこで前と同じように金属結合できる。すなわち、金属の塑性変形（転位のすべり運動）は金属結合によって起きていると言える。2つ目の特徴は電気や熱をよく通すことである。電気とは自由電子の流れであり、金属は自由電子が自由に動くので電気をよく通す。また、熱も自由電子によって熱エネルギーを伝える。そのため、熱もよく通すわけである。3つ目の特徴は金属光沢があることである。金属に光が入射した時に表面の自由電子が光を反射するため、金属光沢を持つ。

イオン結合

　プラスの金属イオンとマイナスの酸素イオンは、電気的に引き合い結合する。これがイオン結合である。同様に金属イオンと塩化物イオンも結合して、金属塩化物を生成する。例えばナトリウムイオンと塩化物イオンが結合することで塩化ナトリウムが生成される。塩化ナトリウムのイオン結合の模式図を**図3.7**に示す。

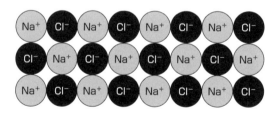

図3.7　塩化ナトリウムのイオン結合

共有結合

　水素分子のように価電子をお互いに出し合い、共有電子対を形成する結合を共有結合という。共有結合の模式図を**図3.8**に示す。金属結合も価電子を出し合うが、金属結合は価電子に移動制限がなく、どこでも移動できるのに対して、

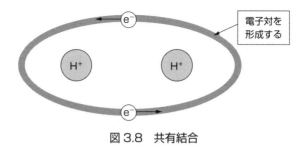

図 3.8 共有結合

共有結合では価電子が移動できる位置が決められている点が異なる。

3.2 腐食の基本原理

腐食の分野において酸化反応をアノード反応、還元反応をカソード反応という。和訳すると陽極反応、陰極反応なのだが、電池反応における陽極反応、陰極反応と混同する恐れがあるので、腐食反応ではそのままアノード反応、カソード反応と表記することが多い。

実際の腐食反応におけるカソード反応とは金属の還元反応ではなく、金属表面で水分や酸素が反応して水酸化物イオンを生成するような反応である。アノード反応を式(3.5)、カソード反応を式(3.6)、全体反応を式(3.7) に示す。式(3.7) の $Fe(OH)_2$ が腐食生成物となる。その模式図を**図 3.9** に示す。腐食反応ではこのように、電子やイオンが反応するので電流が流れる。この腐食反応

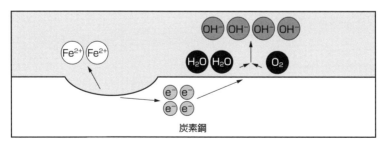

図 3.9 水中腐食のモデル図

で発生する電流を腐食電流（ガルバニック電流）と呼ぶ。そして、この時の電気回路を腐食電池と呼ぶ。

アノード反応：

$$2Fe \rightleftharpoons 2Fe^{2+} + 4e^- \qquad (3.5)$$

カソード反応：

$$O_2 + 2H_2O + 4e^- \rightleftharpoons 4OH^- \qquad (3.6)$$

全体反応：

$$2Fe + O_2 + 2H_2O \rightleftharpoons 2Fe(OH)_2 \qquad (3.7)$$

　全体反応の式(3.7)において、鉄は酸化数が0から+2に増加したため酸化されたと言える。一方、酸素の酸化数は0から−2に減少したため還元されたと言える。酸化と還元は必ずペアになって行われる。そして、鉄のように相手を還元させる物質を還元剤、酸素のように相手を酸化させる物質を酸化剤という。腐食では金属がアノード溶解するので、金属が還元剤、酸素などが酸化剤となる。

　腐食に関係する酸化剤は、酸素以外にも水素などがある。通常、酸素は水中に溶存酸素として含まれている。そして水素は塩酸などの酸性溶液に含まれる。腐食反応の酸化剤が酸素の時は酸素消費型の腐食、水素の時は水素発生型の腐食という。

　また、腐食に影響する要因として水の流れがある。腐食は金属の表面で起こるため、一旦反応が終わると水中の酸素などの酸化剤を消費して、反応が止まる。この時、水の流れがあると絶えず酸化剤である酸素を金属の表面に供給できるため、腐食反応が進行する。そのため、水の流れの速度である流速が早くなるほど腐食速度も速くなる傾向にある。

3.3　イオン化傾向と標準電極電位

　イオン化傾向とは、金属が電子を放出してイオンになる、そのなりやすさを示したものである。各元素のイオンへのなりやすさは元素によって異なる。こ

イオン化傾向	大(卑)												少(貴)		
金属	Li	K	Ca	Na	Mg	Al	Zn	Fe	Ni	Sn	Pb	(H2)	Cu	Hg	Ag	Pt	Au
酸との反応	激しい		希酸と反応して水素を発生					穏やか					酸化力のある酸に溶解		王水に溶解

図 3.10 金属のイオン化傾向

れを図 3.10 に示す。特徴として、イオン化傾向の大きい金属は「卑な金属」と呼ばれ腐食しやすく、イオン化傾向の小さい金属は「貴な金属」と呼ばれ腐食しにくい。

ここで、イオン化傾向の異なる鉄と亜鉛を接触させて、希硫酸などの電解質に浸した場合、鉄よりも亜鉛の方が卑な金属であるため、亜鉛が溶出してイオン化する。しかし、亜鉛よりもさらに卑なアルミニウムを亜鉛と接触させて電解質に浸すと、より卑な金属であるアルミニウムがイオン化して溶出する。このように、イオン化傾向は相対的な金属の溶出しやすさを読み取ることができる。また、イオン化傾向は個々の金属の順位だけでなく、水や酸に対する反応などから、ある程度のグループに分けて表現することもある。

イオン化傾向はあくまで順位であるが、金属の電位を表現する方法として標準水素電極電位がある。電位は単独では測定できないので、必ず基準が必要である。標準水素電極電位は水素反応を基準にした電位差として表される。これ

表 3.2 標準電極電位 (25 ℃ V_{SHE})

金属	電位	金属	電位
Au	+1.520	Fe	−0.440
Pt	+1.188	Zn	−0.763
Ag	+0.799	Al	−1.676
Hg	+0.796	Mg	−2.356
Cu	+0.340	Na	−2.714
H_2	±0.000	Ca	−2.840
Pb	−0.126	K	−2.925
Sn	−0.138	Li	−3.045
Ni	−0.257		

を標準水素電極という。標準電極電位の値を**表3.2**に示す。しかし、標準水素電極は取扱いが難しいため、水素電極と一定の電位を示す照合電極を使用する。照合電極としては飽和カロメル電極、銀・塩化銀電極などがある。イオン化傾向は、この標準電極電位の値を並べたものでもある。

　腐食などの電気化学における反応の要因として金属の電位差がある。電位差の大きい金属同士が接触すると、腐食反応が速くなる。標準電極電位の大きい金属は「貴な金属」であり、標準電極電位の小さい金属は「卑な金属」となる。イオン化傾向や標準電極電位は材料が有する固有の特性である。しかし、腐食反応は標準電極電位だけでなく、表面状態や環境によっても大きく影響されるため、全ての腐食反応が標準電極電位通りに起こるわけではない。

3.4　金属の不動態皮膜

　金属表面に鏡面仕上げを施し、どれだけ高精度に研磨しても、大気中の酸素と表面が反応し、ナノメートルレベルの薄くて透明な酸化膜が生成する。腐食の観点から、酸化膜の性質を大きく2種類に分類できる。一つは、一度酸化膜ができるとそれ自体が防護壁となって腐食が進行しないタイプである。これはステンレス鋼やアルミニウムなどに見られる。もう一つは、酸化膜に防護作用がなく、腐食が進行するタイプである。これは炭素鋼などに見られる。

　腐食を防ぐ酸化膜として不動態皮膜がある。不動態皮膜は酸化膜の一種である。不動態皮膜の特徴の一つとして、酸化膜の厚さがナノメートルレベルの非常に薄い膜であることが挙げられる。そのため、不動態皮膜は容易に生成され、たとえ傷がついても周囲の酸素によって再び不動態皮膜ができ上がる。その模式図を**図3.11**に示す。

　ステンレス鋼などは日常的な環境であれば、特別な防錆処理をしなくても、その表面は腐食されずに金属光沢を保持できる。化学的には、不動態皮膜は腐食が全く進行しないのではなく、腐食速度が極めて遅い状態と言うことができる。

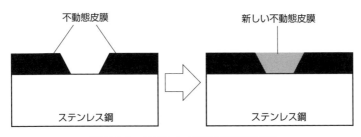

図 3.11　ステンレス鋼の不動態皮膜

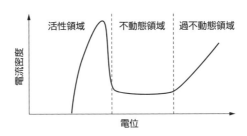

図 3.12　不動態のアノード分極曲線

　不動態皮膜の電気化学的特性を表すグラフとして、**図 3.12**にアノード分極曲線を示す。文献によっては縦軸と横軸が入れ替わっているタイプのグラフも見られる。アノード分極曲線とは、材料に電位をかけた時の電流密度（腐食速度に相当する）の変化をグラフ化したものである。電位を高くすると、最初は電流密度が高くなる。この部分を活性領域と呼ぶ。そしてある電位になると急に電流密度が下がり、一定となる。この部分を不動態領域と呼ぶ。さらに電位を高くすると、酸素発生反応によって再び電流密度が上昇する。この部分を過不動態と呼ぶ。不動態皮膜の性質として、不動態領域の電流密度が低いほど不動態皮膜が安定し、耐食性がよいことが挙げられる。

3.5　腐食と pH

　ここまで見てきたとおり、腐食におよぼす環境的要因は水分、塩化物イオン、

溶存酸素、水の流れなどがある。それに加えて、pH も重要な環境的要因である。pH は水素イオン指数とも言い、その定義は式(3.8)に示すように水素イオンの活量の逆数の常用対数である。しかし、式(3.9)のように、簡易的に水素イオンのモル濃度の逆数の常用対数で表すこともある。

$$\text{pH} = -\log_{10} a_{\text{H}+} \qquad (3.8)$$

$$\text{pH} = -\log_{10} \frac{[\text{H}^+]}{\text{mol L}^{-1}} \qquad (3.9)$$

また、水素イオン濃度$[\text{H}^+]$と水酸化物イオン濃度$[\text{OH}^-]$の間には式(3.10)の関係が成り立つ。

$$[\text{H}^+] \times [\text{OH}^-] = 10^{-14} \qquad (3.10)$$

すなわち水素イオン濃度がわかれば水酸化物イオン濃度を求められる。

多くの pH 計では 1 から 14 の値を表せるようになっており、その範囲では活量とモル濃度はほぼ等しくなる。pH 7 の時は$[\text{H}^+]$と$[\text{OH}^-]$が等しくなるので中性となる。pH 7 以下では$[\text{H}^+]$が多くなるので酸性、pH 7 以上では$[\text{OH}^-]$が多くなるのでアルカリ性となる。

水溶液中の金属の腐食電位と pH には関係性がある。この関係性は電位-pH 図またはプルーベ図として知られている。鉄の電位-pH 図を**図3.13**に示す。通常、電位-pH 図には水を電気分解した時の酸素ガスおよび水素ガスも同時に表

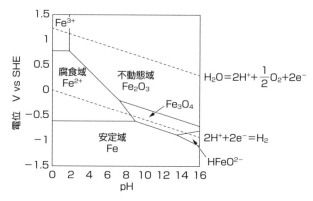

図3.13　鉄の電位-pH 図

示される。この領域が水が安定する領域となる。

　電位–pH 図を見る時は、安定域、腐食域、不動態域に注目する。安定域とは金属が腐食されず安定な状態を維持する領域、腐食域とは金属が腐食して溶解する領域、不動態域とは表面に不動態皮膜を形成して腐食を防ぐことができる領域である。後述する電気防食とは電位を卑に変化させ安定域にすること（カソード防食）または電位を貴に変化させて不動態域にすることである（アノード防食）。また鉄はアルカリ環境では不動態皮膜を形成する。これはセメントがアルカリ環境のため、鉄筋とコンクリートの組合せは相性が良いことを示している。金属ごとに、それぞれ異なる安定域、腐食域、不動態域が見られる。

3.6　腐食形態の分類

　腐食は水や温度などの環境、腐食の形態などによっていくつかに分類できる。腐食形態の分類例を**図3.14**に示す。主に水が関係する湿食と、水とは関係がなく高温などで発生する乾食に分けられる。一般的に腐食というと湿食を表すことがほとんどである。

　湿食は水と金属表面で起こる、電子やイオンなどのやりとりが行われる電気化学的反応である。腐食反応に関係する金属側の要因としては、金属表面の汚れや不純物、酸化膜の状態など、水側の要因としては溶存酸素量や pH、塩化

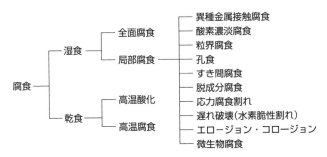

図 3.14　腐食形態の分類例

物イオンの濃度などがある。

　乾食は水が関与しない高温などで発生するため、金属表面で直接酸素と反応して金属酸化物を生成する。あるいは反応性の気体と反応することもある。これらは例えばプラントなど発生する環境が限られるため、目にする機会は少ない。

3.7　全面腐食

　湿食の分類として、金属表面が全体的に腐食される全面腐食と、一部だけが選択的に腐食される局部腐食に分かれる。腐食反応が起こる時には表面全体が一気に腐食されるのではなく、不純物が多い場所などが優先的に腐食されていく。優先的に腐食される場所を局部アノードと呼ぶ。そして、その対極となる局部カソードとなる場所も存在する。全面腐食の場合、この局部アノードと局部カソードが時間の経過とともに場所を変える。その模式図を**図 3.15** に示す。その結果、長い期間で見ると表面全体が腐食される全面腐食となる。

　一般的な鉄鋼材料の多くは全面腐食を起こす。全面腐食は建物、橋梁などで観察される。通常の大気環境では腐食速度はゆっくり進み、板厚減少量や重量変化を予測しやすい。そのため、全面腐食は板厚の補修などが計画的に行われる。腐食速度は「$mg/cm^2 \cdot day$」、または浸食速度として「$mm/year$」という単位で表現する。水が静止した淡水環境における鉄鋼材料の平均的な腐食速度は 0.1 mm/year 程度である[1]。

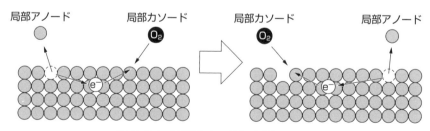

図 3.15　局部アノードと局部カソード

3.8 局部腐食

全面腐食と異なり、局部腐食は局部アノードと局部カソードの位置が変わらず、同じ場所で腐食反応、金属イオンの溶出が起こる。局部腐食は腐食の発生場所や損傷の経過時間が分かりづらく、割れなどの大きな事故につながる危険性もある。

局部腐食は材料の一部が優先的に腐食されるため予測が立てにくく、全面腐食のように腐食を想定した上で設計することも難しい。その理由は局部腐食が発生する場所を予想することが非常に困難だからである。板や配管などの構造物の一部が局部腐食によって穴があき、最終的には漏れなどの事故につながる。あるいは、穴が開く前に進行した局部腐食が応力集中を起こし、割れなどの事故につながる可能性もある。

図3.14に示したように局部腐食には様々な種類がある。局部腐食の種類はこれで全てというわけではないが、代表的な局部腐食を挙げた。この中には材料を問わず発生するものもあれば、特定の材料に起こりやすいものもある。以下にそれぞれの局部腐食について述べる。

3.8.1 異種金属接触腐食

先に述べたとおり、金属材料はそれぞれ固有の標準電極電位を持つ。そのため、異なる金属同士を接触させると電位差が発生して腐食反応を起こす。これを異種金属接触腐食、またはガルバニック腐食と呼ぶ。その模式図を**図3.16**に示す。この時に流れる電流をガルバニック電流と呼ぶ。

異種金属接触腐食は表3.2で示した標準電極電位の小さい卑な金属が腐食される。また、この時の腐食速度は異種金属の電位差が大きいほど速くなる。例えば、鉄と銅の組合せでは鉄が腐食されるが、鉄とアルミニウムの組合せではアルミニウムが腐食されるといったように、2つの金属を比べて決まっていく。

この身近な例として水道配管などがある。水道配管の全体が鉄配管であれば

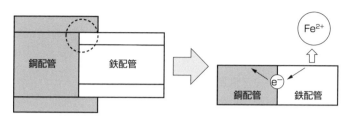

図 3.16　異種金属接触腐食

異種金属接触腐食は起こらないが、鉄配管と銅配管を接触する時は異種金属接触腐食が起こる。この場合の対策としては配管の内側を塗装やコーティングし、絶縁処理を施してガルバニック電流を発生させないことが望ましい。内側全体をコーティングするのが難しい時は、異種金属が接触している場所だけでも水と接触させないように保護することが有効である。

3.8.2　酸素濃淡腐食

　異種金属接触腐食は異なる金属の接触によって腐食が起きるが、酸素濃淡腐食は同じ金属でも周囲の酸素濃度が違うことによって引き起こされる。
　腐食におけるカソード反応は式(3.6)に見られたように酸素と水が関係している。
カソード反応：

$$O_2 + 2H_2O + 4e^- \rightleftharpoons 4OH^- \qquad (3.6)$$

　例えば一枚の鉄板の下半分を水中に浸した場合を考える。水中よりも空気の方が周囲の酸素量が多い。鉄板の周りの溶存酸素量が異なると、酸素濃度の高い場所がカソード、酸素濃度の低い場所がアノードとなり、腐食されていく。その模式図を**図 3.17** に示す。
　腐食反応に限らず、化学反応では濃度差があるとそれを少なくする方向に化学反応が進む。酸素濃淡腐食の場合、高い酸素濃度を低くしようと化学反応（腐食反応）が進む。酸素濃度の差が大きいと、カソード反応によって酸素を消費させ、酸素濃度の差を小さくしようとして腐食反応が進む。

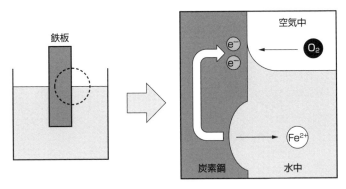

図 3.17　酸素濃淡腐食

　水中に鉄板を半分浸すと水面付近は水に濡れるが、酸素の供給は行われやすい。しかし、水面下では酸素の供給が困難なため、酸素濃度が低くアノードとなり腐食される。これは船の外板や橋脚などのように一部が水中で一部が空気中にあるという状況で起こりやすい腐食である。この場合、水中の材料が均等に腐食するのではなく、水面付近の比較的狭い範囲が腐食されやすい。

　また、酸素濃淡腐食は土壌の配管などにも起こる。土の中の酸素濃度は均一ではなく、土質や深さによって変わる。例えば、粘土質な土は風通しが悪く酸素濃度が低くなりやすい。一方、砂場の砂のようなサラサラした砂質は風通しがよく酸素が供給されるので酸素濃度は高くなりやすい。

3.8.3　粒界腐食

　結晶粒界は元々不純物介在物などが偏析しやすい場所であるが、通常の材料や環境であれば問題になることはない。しかし、特定の材料では粒界に偏析した金属間化合物などによって、結晶粒界が優先的に腐食されることがある。

　代表的な現象はオーステナイト系ステンレス鋼の鋭敏化である。SUS304 を溶接する場合を考えると、熱影響部が加熱されて粒界にクロム炭化物の $Cr_{23}C_6$ が析出する。鋭敏化と粒界腐食の模式図を**図3.18**に示す。ステンレス鋼の不動態皮膜はクロムに影響され、クロムの量が約 12 ％以上になるとクロムの不動

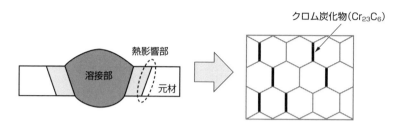

図 3.18　鋭敏化と粒界腐食

態皮膜が形成される。しかし、クロム炭化物が析出するとその周囲のクロム濃度が低下するため、不動態化しなくなる。これを鋭敏化と言う。

　鋭敏化が起こると、材料は粒界から腐食されていく。鋭敏化を起こしやすい温度域は 600〜800 ℃であるため、ステンレス鋼を溶接した後は急冷してこの温度域を早く通過することが対策として挙げられる。また、鋭敏化はクロム炭化物によって起こるため、ステンレス鋼に含有されている炭素量を少なくして、モリブデンを添加した鋼種を使用すると鋭敏化しにくくなる。またチタンやニオブなどはクロムよりも炭素と結びつきやすいため、これらの元素を添加することなども有効である。

3.8.4　孔食

　孔食とは材料表面のある箇所だけが優先的に腐食されることである。孔食が発生していない場所は金属光沢を保持していることもある。孔食は一か所だけでなく複数個所に発生することもあり、孔食が発達すると、配管などでは穴が開き、そこから漏れが発生する。

　孔食を起こす代表的な材料としてステンレス鋼がある。ステンレス鋼の不動態皮膜は通常の環境では耐食性がよいが、塩化物イオンが多量に存在する場合に孔食を引き起こす。孔食の起点は不純物介在物や微細な凹みなどである。孔食の模式図を**図 3.19** に示す。

　孔食によってステンレス鋼の不動態皮膜が破られると鉄イオンやクロムイオンが溶出する。これらの金属イオンはプラスのため、マイナスイオンである塩

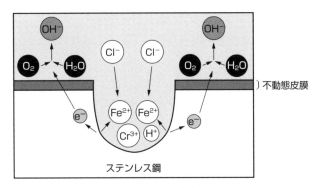

）不動態皮膜

図 3.19　孔食

図 3.20　ステンレス鋼の孔食

化物イオンをさらに集中させてしまう。逆に、孔食していない場所は不動態皮膜を維持しているので、カソードとして安定する。そのため、一度孔食が起きると腐食がその場所だけで進行する。孔食を起こしたステンレス鋼の例を**図 3.20** に示す。塩化物イオンは海や沿岸などの地域に多いため、これらの場所では防食塗料を塗布するなどの対策がとられる。

　ステンレス鋼の耐孔食性は孔食指数によって評価される。海水など特に孔食が発生しやすい環境では、孔食指数の高いステンレス鋼が必要になる。孔食指数は式(3.11)のように表す。

$$孔食指数 = Cr(\%) + 3.3 \times Mo(\%) + 16 \times N(\%) \qquad (3.11)$$

　例えば SUS304 の場合、孔食指数は 18 程度になる。一方モリブデンを添加し

た SUS316 は 25 程度になる。海水での耐孔食性を得るためには、孔食指数 35 以上が必要とされる。耐孔食性の改善は後述するすき間腐食の改善にもつながる。

3.8.5　すき間腐食

すき間腐食は、主に水中で 2 つの金属部品の間隔が狭い時に、そのすき間で腐食が発生することである。すき間のサイズはあまり明確ではないが、1 mm 以下のマイクロメートルオーダーですき間腐食が起こりやすくなる。これはすき間が狭く、周囲の水との流れや溶存酸素などの移動が起きづらいためである。

すき間腐食の最初のきっかけは酸素濃淡腐食と近い。ステンレス鋼のような不動態を形成する材料は形成時に酸素を消費するため、すき間内部と周囲で酸素の濃淡ができる。そこに塩化物イオンなどが存在すると、すき間で腐食が起こる。すき間腐食の模式図を図3.21に示す。すき間腐食で形成される局部アノードと局部カソードは孔食と非常によく似ている。そのため孔食指数が一つの目安になる。

また、炭素鋼のように不動態を形成しない材料でも酸素濃淡腐食をきっかけとして、小さなすき間からすき間腐食を起こすこともある。ただし、この場合不動態皮膜を形成する材料と区別するために、通気差腐食と呼ぶこともある。

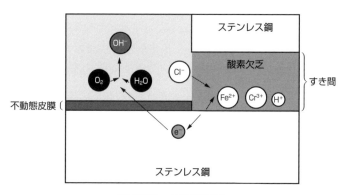

図 3.21　すき間腐食

3.8.6　脱成分腐食

　脱成分腐食は、合金の特定の成分や特定の相だけが優先的に腐食されることである。選択腐食と呼ばれることもある。これはあらゆる合金に起こる腐食ではなく、特定の材料、合金に見られる。

　代表的な脱成分腐食は、黄銅の亜鉛成分だけが腐食する脱亜鉛腐食である。主な黄銅の種類には、亜鉛含有量 30 ％の七三黄銅と 40 ％の六四黄銅があり、六四黄銅は α 相と β 相の 2 相組織となるが、そのうち亜鉛量の多い β 相が腐食されていく。脱亜鉛腐食の模式図を**図 3.22** に示す。脱亜鉛腐食は全面的に腐食が進行する時もあれば、局部的に起こる時もある。

　脱亜鉛腐食が発生しても見た目はあまり変わらないが、材料内部では亜鉛のみが腐食され銅が残るため、多孔質のようになる。そのため、強度などは低下し、割れや破損が起きやすくなる。脱成分腐食は黄銅以外にも、鋳鉄の鉄部分が腐食する黒鉛化腐食やアルミニウム青銅のアルミニウム部分が腐食する脱アルミニウム腐食などがある。脱成分腐食の例を**表 3.3** に示す。

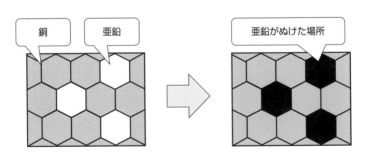

図 3.22　脱亜鉛腐食

表 3.3　脱成分腐食の例

名称	材料	腐食する成分	残る成分
脱亜鉛腐食	黄銅	亜鉛	銅
黒鉛化腐食	鋳鉄	鉄	黒鉛
脱アルミニウム腐食	アルミニウム青銅	アルミニウム	銅

3.8.7　応力腐食割れ

　応力腐食割れとは環境、材料、応力という3種類の要因が重なった時に発生する、割れを伴う腐食である。英語の表記からSCC（Stress Corrosion Cracking）と略されることもある。応力腐食割れを起こしやすい材料としてステンレス鋼、黄銅、アルミニウム合金などがある。環境要因には溶存酸素量、塩化物イオン（ステンレス鋼に影響）、アンモニア（黄銅に影響）など、材料要因にはステンレス鋼の鋭敏化、粒界腐食、孔食など、応力要因には加工時の引張残留応力や溶接時の引張残留応力などがある。応力腐食割れに影響するのは引張残留応力であり、圧縮残留応力ではないことに注意したい。応力腐食割れの例を**表3.4**に示す。

　ステンレス鋼は塩化物イオンの多い環境では孔食やすき間腐食を起こし、不適切な熱処理や溶接によって鋭敏化が起こり粒界腐食を引き起こす。このような局部腐食が起こる場所は応力集中部となる。そこに引張残留応力が加わると応力腐食割れが起こる。鋭敏化による粒界腐食から応力腐食割れが発生すると、その破面は粒界破壊となる。応力腐食割れはオーステナイト系ステンレス鋼に起こりやすい。ステンレス鋼のニッケル量によって応力腐食割れの起こりやすさは変わり、フェライト系ステンレス鋼や二相系ステンレス鋼などは起こりにくい。

　黄銅はアンモニアの多い環境では応力腐食割れが起こりやすくなる。また、黄銅における引張残留応力は主に製造加工によって発生する。かつて黄銅の割れは、ある季節に割れが起きたため季節割れや、保管している時に割れたため

表3.4　応力腐食割れの例

材料	材料要因	環境要因	応力要因
黄銅	脱亜鉛腐食など	アンモニア	加工による 引張残留応力
オーステナイト系 ステンレス鋼	鋭敏化、孔食など （粒界腐食）	塩化物イオン	溶接残留応力 引張残留応力
アルミニウム合金	粒界腐食など	塩化物イオン	引張残留応力

置き割れなどと呼ばれた時もあった。応力腐食割れを防止するためには、アンモニア環境を防ぐことと引張残留応力を熱処理によって除去することである。

　応力腐食割れは環境、材料、応力の3要因のうち1要因でも改善すれば防げる。残留応力の除去であれば熱処理による焼なましを行うこと、環境要因の改善であれば塩化物イオンやアンモニアを防ぐことなどが対策となる。

3.9　腐食試験

　腐食は金属材料にとって重要な要因のため、それを評価する試験も数多くある。ただし、腐食試験に限らず、小さな試験片で評価したことが実際の製品で再現できず、予想よりも悪い結果となることはしばしば見られる。腐食反応には温度、湿度、風速、イオン、pH、すき間、表面状態、材料の均一性、残留応力、腐食生成物の発生など非常に多くの要因が関係するので、腐食の状況を完全に再現することは困難なことが多い。また、これらの要因は常に変化するため、腐食条件も自然と変化する。そして、製品として10年以上使用したい場合、腐食試験の期間は10年とはいかないまでも、年単位の試験期間になることがある。腐食試験を行う場合は、常にこれらを考慮する必要がある。

　実際の腐食試験条件はJIS規格などに準じたうえで、試験が行われる。腐食試験の一例を**表3.5**に示す。

　腐食試験はその試験方法や原理などによって分類できる。一つ目が大気や海水など実際の環境での腐食の様子を観察する実地腐食試験、二つ目は実験室などで、実際よりも過酷な腐食環境下で試験片をセットして腐食の様子を観察す

表3.5　腐食試験の例

分類	試験方法
実地腐食試験	大気暴露試験、海水暴露試験など
実験室腐食試験 （腐食促進試験）	塩水噴霧試験、耐孔食性試験など
電気化学的試験	腐食電位測定試験、アノード分極曲線測定など

る実験室腐食試験（腐食促進試験）、三つ目は腐食の電気化学的側面から電位や電流などを測定する電気化学的試験である。

　実地腐食試験は大気や海水に直接試料をセットするため、最も現実に近い試験環境となる。試験を請け負っている一般財団法人日本ウェザリングテストセンターは、千葉県銚子市、北海道旭川市、沖縄県宮古島に暴露試験場を有している。なお、宮古島には海岸暴露試験場もある。実地腐食試験は実際の環境に近い場所での長期的な腐食反応の測定を目的とすることが多いため、試験期間も数か月、数年といった長期間となることが多い。

　実験室腐食試験は試験片を現実よりも過酷な腐食環境にセットして、短時間で腐食させる試験である。短期間で大きく腐食させるので、実際の腐食反応と異なる反応が起こる可能性もある。

　実験腐食試験では、限定した腐食条件下で、基準となる材料と評価する材料の比較・評価が行われることが多い。試験内容としては塩水噴霧試験など、様々な腐食試験が JIS 規格で取り決められている。試験溶液としては、3～5 ％程度の NaCl 溶液を使用することが多く、他に pH や溶存酸素量についても考慮する必要がある。

　腐食試験後の試験片には試験中に発生した腐食生成物が付着している。これらを除去した後に試験片の重量変化をもとに腐食速度を算出する。この腐食速度は試験開始と試験終了の変化から求めるため、平均腐食速度となる。この場合、淡水中の炭素鋼の平均的な腐食速度である 0.1 mm/year が一つの基準になるだろう。

　電気化学的試験は実地腐食試験や実験室腐食試験のように、腐食反応を起こさせて、それを評価する試験ではない。腐食環境中の試験片の電位測定（ポテンショスタット）、アノード分極曲線測定などの電気化学的な評価を行う試験である。例えばステンレス鋼の不動態特性を評価するためのアノード分極曲線測定などがある。図 3.12 のように不動態となる電位や不動態域の電流などの測定に役に立つ。

3.10 防食方法

金属の腐食はイオンとして溶出し、さびなどの腐食生成物を形成することである。金属は金属の状態のままでいるよりも、イオンや酸化物の方が化学的に安定するため腐食反応は自然現象と言える。それに逆らって、金属を腐食から防ぐことを防食と言う。その分類例を**図**3.23に示す。大きく分類すると皮膜防食、電気防食、耐食材料、環境制御の4種類になる。

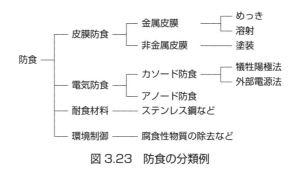

図 3.23 防食の分類例

3.10.1 めっき

皮膜防食は、金属表面に水や酸素の侵入を防ぐ皮膜を生成させることである。皮膜の種類によって金属、無機、有機、樹脂などの種類がある。その中でも代表的な皮膜防食がめっきと塗装である。めっきの材料としては亜鉛、アルミニウム、スズ、ニッケル、クロムなどがある。それぞれのめっき材料としての特徴を**表**3.6に示す。めっきの製膜方法として溶融めっき、電気めっき、無電解めっきなどの方法がある。鉄によく使用されるめっきとしては溶融亜鉛めっきがある。

防食としてのめっきは、下地金属である鉄との電位差が重要になる。めっきがはがれて下地が露出した時に、下地よりも卑な金属（亜鉛など）がめっきされている時は、めっき部分が腐食される「犠牲陽極作用」がある。一方、下地

表 3.6　めっき材料の特徴

めっき材料	鉄との電位	特徴
Zn	卑	炭素鋼の防食として亜鉛が広く使用される。トタンとも呼ばれる。犠牲陽極作用がある。
Al	卑	耐食性と耐熱性がある。犠牲陽極作用がある。
Sn	貴	耐食性があり、ブリキとも呼ばれる。缶詰などに使用される。
Cr	貴	耐食性の他に耐摩耗性、装飾目的もある。六価クロムは有害物質。
Ni	貴	耐食性、装飾目的に使用される。光沢ニッケルめっきや多層めっきなどがある。

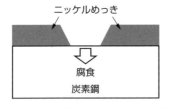
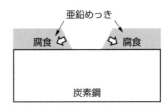

図 3.24　めっき材料と下地金属との電位差

よりも貴な金属（ニッケルなど）がめっきされている時は、下地金属が腐食される。その模式図を**図 3.24** に示す。めっきの密着性を決める要因としては、製膜条件以外に下地金属の表面状態や洗浄も非常に重要である。また、めっきは耐食性の向上以外にも硬さ、耐摩耗性の向上、装飾といった目的でも行われる。

3.10.2　塗装

　金属材料以外の皮膜防食として自動車や建築物などに幅広く使用されるのが塗装である。塗料は塗膜を形成するビヒクルと色の粒子の顔料が溶剤に分散され、そこに添加剤が加えられたものである。塗料を構成する材料によって油性塗料、合成樹脂塗料などと呼ぶこともある。

　塗装方法は簡易な方法としてローラーや刷毛などによる塗装、スプレーによる吹付け塗装などがある。それ以外にも焼付塗装や粉体塗装などがある。塗装方法の一例を**表 3.7** に示す。めっきと同様に、塗料の密着性は下地金属の表面

表 3.7　塗装方法例

方法	内容
吹付塗装	スプレーによる塗装。
浸漬塗装	塗装液に浸す方法。
粉体塗装	粉末の塗装を静電気力で付着させ、加熱溶解して塗膜を形成する。
電着塗装	電気的性質のある塗装の槽に、ワークと電極を入れて電圧をかけることで塗膜を形成する。

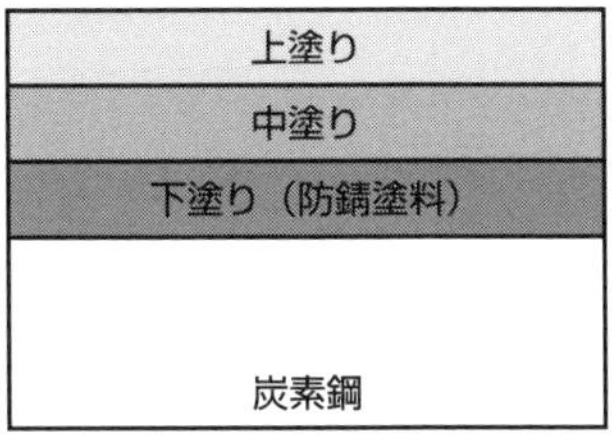

上塗り
中塗り
下塗り（防錆塗料）
炭素鋼

図 3.25　3 層塗装の構造

状態や洗浄が非常に重要である。酸化物や汚れなどを除去する方法として、研磨や研削などを行う機械的な方法、リン酸のような薬品に浸す化学的な方法、有機溶剤による洗浄を行う脱脂などがある。

　塗装は一層の皮膜ではなく、複数層にすることがある。3 層皮膜塗装した場合の模式図を図 3.25 に示す。3 層のうち、防錆するのは下塗りとなる。下塗りには防錆塗料が使われるほか、下地金属との密着性によって防食作用を示している。水や酸素が塗装を通過して金属まで到達しても、塗装と金属が密着していてすき間がなければ腐食電池が形成されにくく、腐食も発生しにくい。中塗りは上塗りと下塗りとの相性をよくするために塗られる。下塗りの目的は防食であり、上塗りの目的は光沢や色合いなど美観が目的である。二つの塗装の相性が良いとは限らないため、中塗りが使われる。上塗りは仕上がりとなるので美観や耐候性が重視される。塗装が劣化する原因の一つに紫外線があるため、紫外線に対する性質も重要である。

　また、近年は環境的な視点から塗装を行う時に使用する有機溶剤の量を減少させる動きがある。これは VOC（Volatile Organic Compounds：揮発性有機化合物）排出抑制や VOC 対策として、その活動が広がっている。

3.10.3　電気防食

　電気防食とは、腐食反応時に発生する腐食電流（ガルバニック電流）に対抗する防食電流を流すことである。電気防食にはカソード防食とアノード防食が

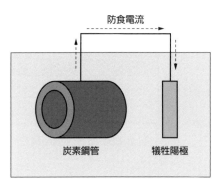

図 3.26　犠牲陽極法

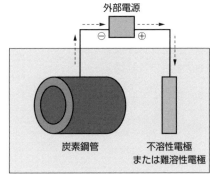

図 3.27　外部電源法

ある。図 3.13 の電位−pH 図において、カソード防食とは電位を卑にして安定域にすることであり、アノード防食とは電位を貴にして不動態域にすることである。ただし、アノード防食はあまり使用されないため、電気防食と言えばカソード防食を示すことが多い。

　カソード防食は犠牲陽極法と外部電源法がある。犠牲陽極法とは対象となる材料よりも卑な金属を接触させることによって卑な金属が腐食され、対象となる材料を腐食から保護することである。例えば炭素鋼を犠牲陽極法で防食する場合、鉄よりも卑な金属である亜鉛やアルミニウムなどを陽極として使用する。その模式図を**図 3.26** に示す。亜鉛メッキ鋼板は皮膜防食であるとともに、犠牲陽極法によって鉄を防食しているとも言える。

　外部電源法は、対極となる電極材料を対象となる材料と同じ環境に設置して、電源装置によって電流を流す。その模式図を**図 3.27** に示す。電極には消耗しない不溶性電極を使用する場合と、少しずつ溶解する難溶性電極を使用する場合がある。電極材料としてケイ素鋳鉄、白金、白金めっきチタン電極、MMO（金属酸化物）電極などがある。

3.10.4　耐食材料

　耐食材料とは、炭素鋼よりも耐食性のよいステンレス鋼などを指す。耐食材

料の使用は腐食の防止につながる。ステンレス鋼は、鉄にクロムを添加して不動態皮膜を形成することで耐食性を高めた材料である。日常的な環境では優れた耐食性を示すが、炭素鋼と比べるとコストが高くなる。炭素鋼よりも耐食性のある材料は、ステンレス鋼以外にも耐候性鋼などがある。耐食材料を使用する場合、使用する材料のコストだけでなく、その後のメンテナンスコストも考慮した総合的な評価をしなければならない。

　また、ステンレス鋼でも塩化物イオンの多い海岸付近の環境では孔食などの腐食が起こる。ステンレス鋼でも耐孔食に優れた材料などがあるが、高価になる。また、腐食環境は塩化物イオン以外にもアンモニア、硫黄ガスなど様々な種類がある。銅合金は一般的には炭素鋼よりも耐食性は良いが、アンモニア環境には弱い。すなわち、耐食材料を選ぶときは腐食環境に適した材料を選ぶ必要がある。

3.10.5　環境制御

　環境制御とは腐食反応物質の除去、または腐食抑制物質を添加して、防食することである。腐食反応物質は様々あるが、水（湿度）と酸素を除去することで腐食をかなり抑えることができる。腐食抑制物質はインヒビター、防錆剤、防食剤などと呼ばれている。防錆油などはその一例である。防錆油は完全に腐食をなくすことはできないが、安価で容易に使用でき、腐食速度を下げる効果がある。

3.11　実際の不具合事例

　腐食について金属材料の機械的性質や金属組織から解説してきたが、いくつかの不具合事例を紹介する。

3.11.1　不動態皮膜と塩化物イオン

　ステンレス鋼などに見られる不動態皮膜は通常では高い耐食性を示すが、Cl^-のような塩化物イオンには弱い。塩化物イオンは不動態皮膜を破壊しやすく、一度不動態皮膜を破壊して腐食反応を起こすと、その場所を集中的に腐食させるため、孔食やすき間腐食などの重大な被害につながりやすい。屋外のステンレス鋼に起こる孔食は図3.20にも示したが、孔食の拡大写真を**図3.28**に示す[4]。

　孔食は小さな腐食であり、発生場所も予測困難である。孔食の他にも、すき間腐食や応力腐食割れなどの局部腐食に塩化物イオンが関係している。

　塩化物イオンが多い環境は海岸付近である。そして、海水には多くの塩化物イオンが含まれている。海水はさびやすいというイメージがあるが、海水中の腐食速度は淡水中とあまり変わらない。むしろ、海水などが飛来してすぐに乾燥するような場所のほうが腐食されやすい。そのような場所では塩化物イオンの濃縮が起こるためである。

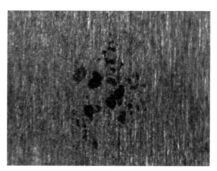

（新潟県工業技術総合研究所）

図3.28　ステンレス鋼の孔食

3.11.2　ステンレス鋼の鋭敏化

　ステンレス鋼の腐食に関して、塩化物イオン以外に重要なこととして鋭敏化

(新潟県工業技術総合研究所)

図3.29 鋭敏化したステンレス鋼の金属組織

があげられる。鋭敏化はオーステナイト系ステンレス鋼によく見られる不具合である。オーステナイト系ステンレス鋼は600〜800℃の温度域で、クロム炭化物が結晶粒界に析出するために、周りのクロム濃度が低下してしまう。鋭敏化したステンレス鋼の金属組織を**図3.29**に示す[1]。鋭敏化すると、粒界に沿って腐食する粒界腐食が起こる。そして粒界腐食が進行して応力が負荷されると、応力腐食割れを起こす可能性もある。

　鋭敏化は溶接や熱処理などにおいて、600〜800℃の温度で長時間保持されると発生する。溶接では溶接後に急冷することで鋭敏化を防ぐことができる。またクロム炭化物はさらに高温になると分解するため、熱処理においては1,100℃程度の高い温度で保持した後に急冷することで対策できる。またフェライト系ステンレス鋼では鋭敏化はほとんど問題にならない。

3.11.3 銅合金とアンモニア

　銅は鉄よりもイオン化傾向が貴である。酸化皮膜はステンレス鋼のような不動態皮膜ではないが、緑青のような耐食性に優れた性質がある。そのため銅は炭素鋼より腐食されにくい材料である。

　ただし、銅合金はアンモニアに弱い性質がある。アンモニア環境に銅がさらされるとアンモニアの水素と銅に含まれる微量の酸素が式(3.12)のように反応

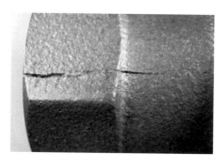

（総合バルブコンサルタント株式会社）

図 3.30　黄銅の応力腐食割れ

する[2]。

$$Cu_2O + H_2 \rightarrow 2Cu + H_2O \qquad (3.12)$$

銅と水素では銅の方がイオン化傾向が貴なため、水素によって酸化銅が還元されて、金属銅と水になる。この水分が材料の中で水蒸気となり、高圧になって材料を破壊する。これも水素脆性ともいえる。この現象は 0.03 ％酸素量で発生するため、脱酸銅や無酸素銅では起こらないが、タフピッチ銅などでは起こる。また黄銅など他の銅合金においても、アンモニアは危険な存在である。

　銅合金にも応力腐食割れが起こるが、その環境要因はアンモニアである。黄銅の応力腐食割れの例を図 3.30 に示す[3]。かつて黄銅の置き割れや季節割れとよばれたのも、応力腐食割れである。置き割れとは、製造時の残留応力が残ったまま製品ができ上がり、保管中に時間が経過した後に割れたことに由来する。季節割れとは、かつて船で輸送していた薬きょうを荷揚げして開梱した際に割れていたことに由来する。アンモニアそのものが発生する環境は日常的には限られるが、例えばフェノール樹脂はアンモニアガスを放出させるため、応力腐食割れを引き起こす可能性がある。フェノール樹脂は絶縁材料として使用されており、電気製品などで黄銅とフェノール樹脂の組合せが起こる。

4章

各種金属材料の特徴

　鉄鋼材料をはじめ、アルミニウムなど、様々な金属材料が身の回りや工場などで使用されている。これらは材料としての硬さや強度、重量、熱や電気的性質、生産量などによってそれぞれ得意とする分野が分かれている。この章では金属材料の中でも代表的な鉄鋼材料、ステンレス鋼、アルミニウム合金、銅合金を取り上げ、それぞれの特徴や適用される分野、材料ごとに注意すべき不具合について記載する。

4.1　鉄鋼材料

　鉄鋼材料は身近な金属材料として最も一般的である。日本での鉄の年間生産量は約1億トンであり、世界の年間生産量は約18億トンになる[1]。鉄は安価で量も豊富なため、強度を支える構造材料として建築物、自動車、橋梁など様々な製品に使用されている。

　鉄の特徴の一つとして、強度の幅が非常に広いことが挙げられる。鉄は炭素量によって大きく強度が変化する。炭素量を減らした鋼板は、強度は低いが加工性に優れプレス用鋼板として使用されている。逆に炭素量を増やすことで強度が増し、金型や機械部品、工具などに使用されるようになる。そして最も大きな特徴である焼入れをすることで、非常に硬いマルテンサイト組織を形成する。鉄はこのように様々な強度を有するため、鉄製品の適応範囲も非常に広範囲にわたる。

　鉄は主に高炉による銑鉄、その後転炉による製鋼を行い、連続鋳造と圧延によって棒や板に加工される。このような鉄の生産工程を銑鋼一貫プロセスという。これは大手製鉄メーカーが行っている製鉄所による生産である。

　銑鋼一貫プロセスでは鉄の原料となる鉄鉱石を、高炉、溶銑予備処理、転炉、連続鋳造という工程で加工することで鉄を生産する。高炉では上から鉄鉱石とコークスを交互に入れて、高炉下側から熱風を吹き込む。すると、コークスが一酸化炭素（CO）となる。一酸化炭素と鉄鉱石（酸化鉄）が式(4.1)～(4.3)の反応を経て鉄ができる[2]。

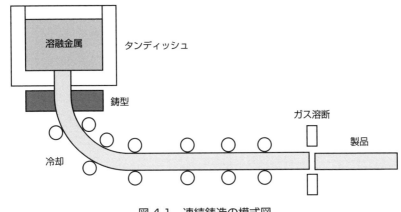

図 4.1　連続鋳造の模式図

$$3Fe_2O_3 + CO \rightarrow 2Fe_3O_4 + CO_2 \qquad (4.1)$$
$$Fe_3O_4 + CO \rightarrow 3FeO + CO_2 \qquad (4.2)$$
$$FeO + CO \rightarrow Fe + CO_2 \qquad (4.3)$$

　高炉からできた鉄を銑鉄という。銑鉄は炭素を 4 ％程度含んでいる。他にも鉄鉱石やコークスに含まれていた Si、Mn、P、S などの元素も含まれる。銑鉄はトーピードカーと呼ばれる貨車で転炉に移動するが、このとき溶銑予備処理として Si、P、S の除去も行う。

　転炉では銑鉄に酸素を吹き込み、鉄の中の炭素を一酸化炭素にして除去する。高炉では鉄鉱石の酸素を一酸化炭素で除去し、転炉では鉄中の炭素を酸素で除去するのは不思議に思われるかもしれないが、一酸化炭素の還元力、炭素と酸素の親和力などによって高炉や転炉の反応や工程が成りたっている。転炉では銑鉄の他にもスクラップ鉄が原料として投入される。

　連続鋳造では溶解した鉄をタンディッシュにセットする。タンディッシュの底から溶解した鉄を取りだし水冷銅鋳型に通し表面から凝固させ、横方向に曲げられていく。そして所定の長さに切断されて棒、板、ビュレットにする。その模式図を図 4.1 に示す。

4.1.1　鉄鋼材料の基礎

　鉄の特徴として、温度によって結晶構造が変化する性質がある。912℃以下の温度では体心立方格子である。この時の鉄をフェライト（α鉄）と呼ぶ。912℃から1,394℃までは面心立方格子である。この時の鉄をオーステナイト（γ鉄）と呼ぶ。1,394℃から融点の1,538℃までは再び体心立方格子（δ鉄）になる。

　鉄鋼材料を扱う時に最も重要な元素は炭素である。鉄は炭素（コークス）によって還元されるので、鉄の中に炭素が合金元素として入り込む。そして鉄は炭素量によって強度や硬さなどの性質が大きく変化する。鉄と炭素の関係性を

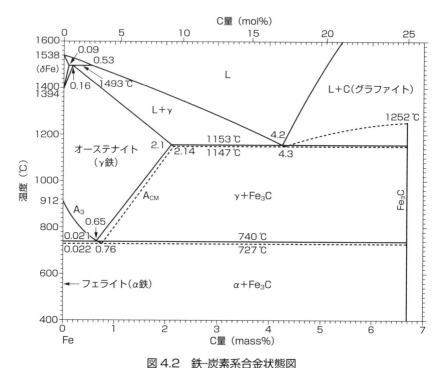

図4.2　鉄-炭素系合金状態図

(T.B. Massalski, H. Okamoto, P.R. Subramanian, L. Kacprzak, (1990). *Binary Alloy Phase Diagrams, 2nd Edition*, ASM International)

扱うために鉄―炭素系状態図が重要になる。鉄―炭素系状態図を**図 4.2** に示す[3]。

　本来、状態図は合金元素 100 ％まで描くものだが、鉄―炭素系状態図の場合、炭素量 7 ％程度までを描いた状態図が多く見られる。これは炭素量 7 ％以上になると実用材料としてほとんど使用されないことや、黒鉛と鉄が分離してしまうことなどが理由である。鉄―炭素系状態図では実線で鉄と炭素（グラファイト）を表し、点線で鉄と鉄炭化物の Fe_3C（セメンタイト）を表している。鋼の熱処理では点線で表した鉄とセメンタイトの状態図として扱うことが多い。鉄―炭素系状態図は包晶反応、共晶反応、共析反応を含む複雑な状態図である。

　鉄の分類として、炭素量約 2 ％以下（オーステナイトの最大炭素固溶量以下）の鉄を「鉄鋼」、それ以上の炭素量を含む鉄を「鋳鉄」と呼んで区別している。鉄鋼は炭素量によって強度などの特性が変化し、焼入れによって大きく強度が増加する。鋳鉄は融点が低く、主に鋳物に使用される。

　鉄―炭素系状態図において特筆すべき反応がいくつかある。まずはオーステナイトからフェライトとセメンタイトに変態する共析反応（727℃、0.76 ％C：温度、組成はセメンタイトの表示とする）である。これは A_1 変態とも呼ばれる。次にオーステナイトからフェライトが析出する A_3 線、オーステナイトからセメンタイトが析出する A_{cm} 線もよく扱われる。鉄鋼の中でも共析組成となる炭素量 0.76 ％の鉄鋼を共析鋼、0.76 ％以下の炭素量の鉄鋼を亜共析鋼、0.76 ％以上の炭素量の鉄鋼を過共析鋼と呼ぶ。共析鋼をオーステナイト温度から A_1 以下の温度に下げると、フェライトとセメンタイトの共析反応が起こる。この共析反応した時の金属組織はフェライトとセメンタイトが層状に並んでいる。これは肉眼では真珠（パール）のように見えたことからパーライトと呼ばれる。なお亜共析鋼ではフェライトとパーライトの混合組織、過共析鋼ではセメンタイトとパーライトの混合組織が見られる。鉄の炭素量の変化による組織の影響を**図 4.3** に示す。

　鉄の組織と強度の関係について見てみると、純鉄はフェライト単相組織である。純鉄に炭素を添加していくと、フェライト単相から黒いパーライト組織の量が増えていく。それに伴って強度も増加する。共析鋼になるとパーライトだ

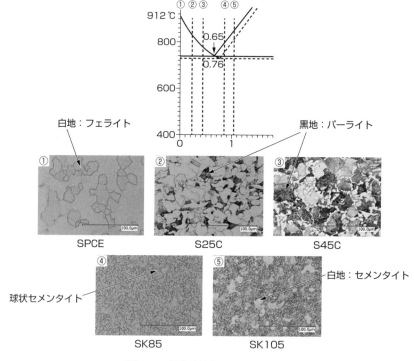

図 4.3　鉄鋼材料の炭素量と組織

けの組織となる。この時球状化焼なましの熱処理を行うと、パーライト組織か
ら④のように球状セメンタイトの組織にすることもできる。さらに炭素を添加
すると過共析鋼になりパーライトとセメンタイトの組織になる。過共析鋼は強
度が高い他にも、耐摩耗性などが向上すいる。このように鉄の強度は幅広いが、
焼入れ（マルテンサイト変態）することによってさらに大きく強度を向上する
ことができる。

4.1.2　鉄鋼材料の JIS 規格

　鉄鋼材料の JIS 規格は非常に幅広く多岐に渡る。全てを詳細に記述するのは
困難であるため、任意の数種類を取り上げる。**表 4.1** に鉄鋼材料の JIS 規格の

表 4.1 鉄鋼材料の JIS 規格一例

名称	JIS 表記	JIS 規格
一般構造用圧延鋼	SS400、SS540 など	JIS G3101
冷間圧延鋼板及び鋼帯	SPCC、SPCD など	JIS G3141
機械構造用炭素鋼鋼材	S25C、S45C など	JIS G4051
機械構造用合金鋼鋼材	SCr430、SCM420 など	JIS G4053
高速度工具鋼鋼材	SKH2、SKH51 など	JIS G4403
合金工具鋼鋼材	SKS3、SKD11 など	JIS G4404
ばね鋼鋼材	SUP6、SUP10 など	JIS G4801
高炭素クロム軸受鋼鋼材	SUJ2、SUJ3 など	JIS G4805
球状黒鉛鋳鉄品	FCD450-10 など	JIS G5502

一例を示す[4)~12)]。鉄鋼材料の多くは炭素などの化学成分によって鋼種が決められているが、SS400 のように引張強度を基準とした材料も存在する。鉄鋼材料の硬さや引張強度などの高強度化については、後述するマルテンサイト変態が大きく影響している。そのため鉄鋼中の炭素量が重要になる。また機械構造用合金鋼鋼材の Cr などように、合金元素の中には焼入れ性の向上を目的として添加される元素もある。

一般構造用圧延鋼　JIS G3101

「SS○○○」のように表記される。数字は引張応力（MPa）を表している。炭素量は規程せず、Mn、P、S などを規定しているだけである。建設、橋梁、鉄道車両などに一般的に使用される鋼板などである。

冷間圧延鋼板及び鋼帯　JIS G3141

「SPC○」のように表記される。最後のアルファベットは C から G まであり、C から G にかけて C や Mn などの量が下がる。炭素量が低いので強度は弱いが加工性に優れ、プレス加工や深絞りなどで使われている。

機械構造用炭素鋼鋼材　JIS G4051

「S○○C」のように表記される。中央の数字には少数点以下の炭素量が示されており、例えば S45C の場合、炭素量は 0.45 ％である。S10C から S58C まであり、これより炭素量の多い炭素鋼は工具鋼となる。炭素量が高くなると焼入れ・焼戻しをして強度を高める。しかし、焼入れ性はあまりよくないので、焼入れ性を高める時は合金鋼を使用する。

機械構造用合金鋼鋼材　JIS G4053

機械構造用炭素鋼鋼材に、Cr などの合金元素を添加した鋼材である。クロム鋼「SCr△○○」、クロムモリブデン鋼「SCM△○○」、ニッケルクロム鋼「SNC△○○」、ニッケルクロムモリブデン鋼「SNCM△○○」などの種類がある。アルファベットの次の数字（△）はクロムなどの合金元素の主な量を、その後の数字 2 桁（○○）は少数以下の炭素量を表している。

なお、機械構造用合金鋼の中には浸炭用に使用される鋼種もある。これら鋼種ははだ焼き鋼とも呼ばれる。はだ焼き鋼には炭素量 0.1〜0.2 ％程度の鋼種が使用されることが多い。浸炭は表面だけを硬化した材料であり歯車、ピストン、軸類などに適用される。

高速度工具鋼鋼材　JIS G4403

「SKH○」のように表記され、主にタングステン系とモリブデン系に分かれる。ボール盤や旋盤の刃のように高速切削加工に使用される。高速切削によって温度が上がっても硬さの減少が少ない特徴がある。他にも金型や引抜きダイスなどの工具にも使用される。

合金工具鋼鋼材　JIS G4404

「SKS○」「SKD○」のように表記される。合金工具鋼鋼材には主に切削用合金工具鋼、耐衝撃用合金工具鋼、冷間金型用合金工具鋼、熱間金型用合金工具鋼がある。なお、冷間金型合金工具鋼の中にダイス鋼、熱間金型用合金工具鋼の中にダイカスト用金型も含まれる。合金工具鋼は全体的に炭素量が高い鋼種

が多い。これは硬さや耐摩耗性を向上させるためである。Cr、W、V、Mo などの元素を添加して焼入れ性などを改善している。熱間金型用合金工具鋼の炭素量は他の合金工具鋼より低めであり、これは加熱冷却の繰り返しによるヒートチェックを防止するためである。

ばね鋼鋼材　JIS G4801

「SUP○」のように表記される。材料として Si–Mn 系、Mn–Cr 系、Cr–V 系などがある。熱間でばね状に成形して焼入れ、焼戻しをする。ばねは応力が負荷されると弾性変形して、その後元の形状に戻る性質がある。そのため弾性限度、疲労強度、靭性などの特性が求められる。ばね用の材料としては他にピアノ線、ステンレス鋼線などがある。

高炭素クロム軸受鋼鋼材　JIS G4805

「SUJ○」のように表記される。ベアリングなどに使用される軸受鋼は、高速で繰返し圧縮応力を受ける。そのため摩耗やピッチングを起こしやすい。軸受鋼には硬さと耐摩耗性が求められる。C が約 1 ％、Cr も 1 ％強の材料が規程されている。

球状黒鉛鋳鉄品　JIS G5502

「FCD○」のように表記される。FCD の後の数字は引張応力（MPa）を表す。鋳鉄の黒鉛が片状の場合、片の先端から割れやすく靭性が得られないが、黒鉛が球状になることでそれが解消され、ある程度の靭性が得られる。また、溶湯に Ce や Mg を添加することで黒鉛が球状になることが発見された。Mg を直に投入するのではなく、Mg 合金として添加している。

4.1.3　鋼のマルテンサイト変態

マルテンサイト変態とは、鋼をオーステナイト温度まで加熱した状態から急冷（焼入れ）させることによって、非常に微細で硬い組織にすることである。

マルテンサイト組織を**図4.4**に示す。図4.3のフェライト、パーライト組織よりも微細な組織になっている。

　マルテンサイト変態を起こすにはいくつか条件がある。まず、鋼をオーステナイト相にする必要があるため、炭素量は2%以下に限られる。また、炭素量が少なすぎてもマルテンサイト変態を起こしにくくなる。次に、鋼を急冷するとマルテンサイト変態を起こすが、この時の冷却速度が遅いとマルテンサイト変態が起きずに、通常のパーライト組織になる。マルテンサイト変態のしやすさを「焼入れ性」として表す。マルテンサイト変態することを「焼が入る」と表すこともある。焼入れ性のよい鋼ほど、冷却速度を遅くしてもマルテンサイト変態が起きやすくなる。また鋼の形状が大きくなるほど、焼入れした時に内部が冷却されにくくなる。そのため、表面は硬いマルテンサイトになっても、内部は焼入れされていないパーライト組織となることがある。形状やサイズによって焼入れしやすさが変化することを質量効果と言う。

　マルテンサイト変態によって鋼が硬くなる理由には、主に炭素の影響が挙げられる。例えば共析鋼を焼入れする場合、炭素量は0.76%である。高温のオーステナイト相ではこの炭素量は全て固溶しているが、低温のフェライト相では炭素の最大固溶量はわずか0.02%程度しかなく、固溶できない炭素の大部分は共析反応でパーライト（フェライトとセメンタイト）になる。この共析反応は時間をかけて炭素の移動（拡散）が行われる。この時に急冷すると、炭素は拡

図4.4　マルテンサイト組織

散できずにフェライト相に強制的に取り込まれる。これがマルテンサイト組織になる。

　マルテンサイトが硬くなる機構は、一つ目は元々のフェライトの固溶量以上に炭素が侵入してしまうため、固溶強化が起きることである。二つ目は多量の炭素が格子に存在することで多量の転位が導入され、転位強化が起きる。三つ目はマルテンサイト組織は元のオーステナイト相よりも細かく微細になり、そのため結晶粒微細化による強化も起きる。このように多くの強化機構が作用してマルテンサイトは硬くなる。また、マルテンサイトの硬さは主に炭素量によってのみ決まり、およそ 0.7 ％の共析鋼付近で最大硬さとなる。それ以上炭素量を増加しても硬さにはあまり影響せず、耐摩耗性などの向上につながる。鉄鋼材料には炭素鋼の他にも合金鋼があるが、その中には高強度化のためではなく、焼入れ性向上のために合金元素を添加した合金鋼もたくさんある。

TTT 曲線と CCT 曲線

　鋼のマルテンサイト変態を、時間と温度に対して定量的に表したものがある。鋼のオーステナイト温度からマルテンサイトへの変態に対して、冷却してある温度で保持した時の変化をグラフ化したのが TTT 曲線（Time Temperature Transformation curve：等温（恒温）変態曲線）である。一方、オーステナイト温度から冷却速度を表示して、マルテンサイト変態を起こすのに必要な冷却速度を表したのが CCT 曲線（Continuous Cooling Transformation curve：連続冷却変態曲線）である。TTT 曲線を**図 4.5** に、CCT 曲線を**図 4.6** に示す。これらのグラフで表記される記号は以下のとおりである。

　P_s：パーライト開始

　P_f：パーライト終了

　B_s：ベイナイト開始

　B_f：ベイナイト終了

　M_s：マルテンサイト開始

　M_f：マルテンサイト終了

　開始とはその組織があらわれ始める温度や時間を表す。終了とは全てその組

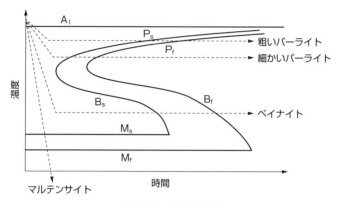

図 4.5　TTT 曲線

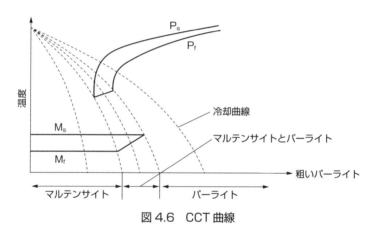

図 4.6　CCT 曲線

織になることを表す。例えば M_s はマルテンサイトがあらわれ始める温度や時間を表し、M_f は完全にマルテンサイト組織になる温度や時間を表す。また、P_s と B_s 温度の間にある張り出した部分をノーズという。冷却速度が早ければ、ノーズを通らずにオーステナイトからマルテンサイトへの変態が起きる。しかし、冷却速度が遅ければマルテンサイトが現れる前にパーライトやベイナイトが現れる。そうなると焼入れが不完全になり、硬さも低下する。

　鋼の焼入れ性に関しては合金元素の影響がある。大きく分けると焼入れ性をよくする元素と焼入れ性を悪くする元素がある。これを表4.2に示す。焼入れ

表 4.2 焼入れ性におよぼす合金元素の影響

焼入れ性：良		焼入れ性：悪
炭化物形成	オーステナイト安定	
Cr、Mo、V など	Ni、Cu、Al など	Co、Zr、Ti など

性が良いとは冷却速度が遅くてもマルテンサイト変態が起きることをいう。逆に、焼入れ性が悪いと冷却速度を速くしないとマルテンサイト変態が起きず、すぐにパーライト組織になる。図 4.5 の TTT 曲線や図 4.6 の CCT 曲線で表すと、ノーズの位置が長時間側（右側）にあるほど焼入れ性は良く、短時間側（左側）にあるほど焼入れ性は悪い。

　また、焼入れ性をよくする元素は、炭化物を形成することによって焼入れ性をよくする元素（Cr、Mo、V など）と、炭化物は形成しないが、オーステナイト相を安定させて焼入れ性をよくする元素（Ni、Cu、Al など）に分類できる。炭化物を形成する元素を添加すると、TTT 曲線のパーライト線が長時間側（右側）に移動するため、パーライトのノーズとベイナイトのノーズという2 種類のノーズが表れることがある。一方、オーステナイト相を安定させる元素を添加すると、TTT 曲線が全体的に長時間側（右側）に移動する。鋼の焼入れ性は重要であるため、様々な鋼種の TTT 曲線や CCT 曲線がデータ化されている。

4.1.4　鉄鋼材料に起こる不具合

低温脆性

　鋼は 20 ℃程度の温度では、応力が負荷されると引張試験などで見られるように伸びを伴う破壊が起きる。しかし、低温になると伸びずに脆性的に破壊が起きるようになる。これを鋼の低温脆性と呼ぶ。第 1 章で解説したタイタニック号やリバティ船の事故が低温脆性に相当する。

　「低温」の具体的な値は鋼の成分や結晶粒径、不純物介在物などによって変化する。およそ 0 ℃以下の氷点下の温度で鋼を使用する時は、低温脆性に注意

が必要になる。鋼が延性破壊から脆性破壊へと変化する時の温度を延性脆性遷移温度とよび、シャルピー衝撃試験の吸収エネルギーなどで評価される。

焼なまし脆性

2.7 で述べたように鋼に不適切な熱処理を行うことで材料が脆性的になり破壊する現象が起こる。焼なまし脆性は表 2.4 に示したように様々な種類があり、原因となる不純物介在物として硫化マンガンなどがある。現在では焼なまし脆性についての研究も進んでおり、原因となる不純物介在物の発見のために、超音波探傷法などの非破壊検査の技術も進んでいる。

4.2　ステンレス鋼

ステンレス鋼は鉄の弱点である耐食性を改善した鉄合金である。ステンレス鋼が工業的に発明されたのは 1910 年代の頃である。この時にフェライト系ステンレス鋼、マルテンサイト系ステンレス鋼、オーステナイト系ステンレス鋼が登場した。二相系ステンレス鋼、析出硬化系ステンレス鋼は1930〜1940年代の頃に実用化される。

ステンレス鋼の発明には多くの科学者が寄与しており、一人に限定することはできない。特にフェライト系ステンレス鋼の発明に関してはレオン・ギレ、アルベルト・ポルトバン、ハリー・ブレアリーなど多くの科学者が関与していた。一方マルテンサイト系ステンレス鋼の発明者についてはハリー・ブレアリー、オーステナイト系ステンレス鋼の発明者についてはベンノ・シュトラウス、エドゥアルト・マウラーとすることが一般的である[13]。この時に鉄にクロムを一定量添加すると腐食に強くなることが報告された。また「Stainless Steel」の名称をつけたのはハリー・ブレアリーと言われている。現在では鉄に 12 %以上の Cr を添加した合金をステンレス鋼と呼んでいる。

ステンレス鋼は耐食性に優れるだけでなく、元々鉄鋼材料が有する高強度、加工性などの特性も備えているため、多くの場所、産業分野に使用される。ス

表 4.3　ステンレス鋼の用途例

分類	具体例
・食器や台所器具	・フォーク、ナイフ、調理器具など
・家電機器	・洗濯機、冷蔵庫など
・自動車	・排気系部品（マフラー）など
・鉄道	・外板、内装など
・建造物	・屋根、外装など
・精密機器	・HDD ケース、時計部品など
・容器	・温水器、真空容器など
・構造部品	・ボルト、ナットなど

テンレス鋼の用途の分類としては自動車、鉄道車両、電子機器、産業機械、医療器具、貯水タンク、ボイラー、厨房機器、建築・土木、日用品など多岐に渡る。これを**表 4.3** にまとめる。

4.2.1　ステンレス鋼の基礎

　ステンレス鋼は Cr を添加して耐食性を高めた鉄合金である。その理由は Cr の不動態皮膜によるものである。ステンレス鋼が Cr 量 12 ％以上と言われるのも、不動態皮膜を形成するのに必要な Cr 量が 12 ％程度だからである。

　ステンレス鋼は Fe–Cr および Fe–Cr–Ni の合金である。そのため、これら合金系の状態図を理解することが、組織的な特徴をつかむことになる。Fe–Cr、Fe–Ni 合金状態図をそれぞれ**図 4.7**、**図 4.8** に示す[3]。Fe–Cr 状態図では、Cr 量十数％程度付近にオーステナイト相（γ 相）のループが見られる。Fe に Cr を添加するとオーステナイト相が狭くなり、フェライト相（α 相）が広くなる特徴がある。

　また、Cr 量が増加すると σ 相と呼ばれる金属間化合物が現れることも注目したい。この σ 相は脆いため、組織中に現れると、脆性破壊を引き起こす。フェライト系ステンレス鋼はフェライト相のため、γ 相ループは避けた Cr 量（18 ％など）となる。一方、マルテンサイト系ステンレス鋼はオーステナイト相から焼入れして強度を高めるので、高温で γ 相ループが現れる Cr 量（13 ％）となる。なお、オーステナイト相の範囲は C 量にも影響される。

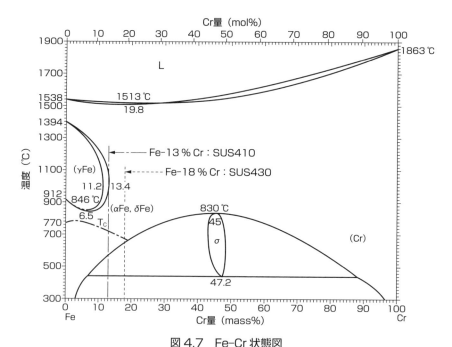

図 4.7 Fe-Cr 状態図

(T.B. Massalski, H. Okamoto, P.R. Subramanian, L. Kacprzak, (1990). *Binary Alloy Phase Diagrams, 2nd Edition*, ASM International)

Fe-Ni 系の状態図では、Cr とは反対に Ni を添加するとフェライト相が狭くなり、オーステナイト相が広くなる特徴がある。これを開放型オーステナイト相とも呼ぶ。Fe に Ni を添加することで、室温でもオーステナイト相の組織が得られるのが Fe-Ni 系合金の特徴である。

しかしオーステナイト系ステンレス鋼は Fe-Ni 合金ではなく Fe-Cr-Ni 合金のため、組織を正確に理解するためには Fe-Cr-Ni 三元合金状態図が必要になる。三元合金状態図は三角形で表される。二元系合金状態図のように温度と組成と各種反応を一枚で表すことは困難なため、一定温度の時に現れる相や反応を表す等温状態図などが使用される。Fe-Cr-Ni 三元合金状態図の 1,100℃の等温状態図を**図 4.9**に示す[13]。Fe-18 % Cr は図 4.7 と同様にフェライト相だが、Fe-18 % Cr-8 % Ni はオーステナイト相になる。また二相系ステンレス鋼はこ

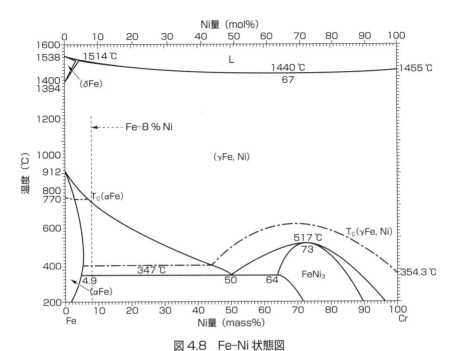

図 4.8　Fe–Ni 状態図
(T.B. Massalski, H. Okamoto, P.R. Subramanian, L. Kacprzak, (1990). *Binary Alloy Phase Diagrams*, *2nd Edition*, ASM International)

のフェライト、オーステナイト混合領域となる組成となっている。

4.2.2　ステンレス鋼の JIS 規格

　ステンレス鋼は、添加合金の種類や組織によって主に 5 種類に分かれる。Fe–Cr 系のフェライト系ステンレス鋼、マルテンサイト系ステンレス鋼、Fe–Cr–Ni 系のオーステナイト系ステンレス鋼、二相系ステンレス鋼、析出硬化系ステンレス鋼である。それぞれ金属組織などの特徴を**表 4.4** に示す。また、いくつかのステンレス鋼の化学成分を**表 4.5** に示す。なお、二相系ステンレス鋼と析出硬化系ステンレス鋼は他のステンレス鋼に比較して高価である。
　ステンレス鋼の JIS 表記では、「SUS430」のように SUS の後に 3 桁の数字が

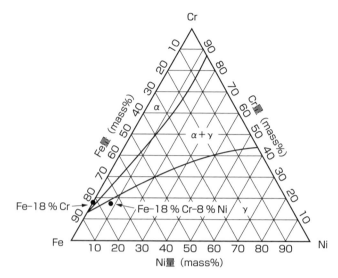

図4.9　Fe-Cr-Ni 状態図　1,100℃等温状態図

表4.4　ステンレス鋼の分類と特徴

名称	合金系	金属組織	硬化性	磁性	代表鋼種
フェライト系	Fe-Cr 系	フェライト	―	有	SUS430
マルテンサイト系		マルテンサイト	焼入れ硬化		SUS410
オーステナイト系	Fe-Cr-Ni 系	オーステナイト	加工硬化	無	SUS304
二相系		フェライト＋オーステナイト		有	SUS329J1
析出硬化系		マルテンサイト	析出硬化		SUS630
		マルテンサイト＋オーステナイト			SUS631

入ることが多い。鋼種によっては数字の後に「L」や「N」などの記号がくる時もある。SUS の意味は「Steel Use Stainless」である。3桁の数字は 400 番台はフェライト系ステンレス鋼、マルテンサイト系ステンレス鋼、300 番台はオーステナイト系ステンレス鋼と二相系ステンレス鋼、200 番台はオーステナイト系ステンレス鋼の低 Ni 合金、600 番台は析出硬化系ステンレス鋼を表す。

表4.5　ステンレス鋼の化学成分（抜粋）

名称	鋼種	C	Si	Mn	P	S	Ni	Cr	Mo	Cu	N	Nb	Al
フェライト系	SUS430	≦0.12	≦0.75	≦1.00	≦0.040	≦0.030	a)	16.00 ~18.00	—	—	—	—	—
フェライト系	SUS434	≦0.12	≦1.00	≦1.00	≦0.040	≦0.030	a)	16.00 ~18.00	0.75 ~1.25	—	—	—	—
マルテンサイト系	SUS403	≦0.15	≦0.50	≦1.00	≦0.040	≦0.030	a)	11.50 ~13.00	—	—	—	—	—
マルテンサイト系	SUS410	≦0.15	≦1.00	≦1.00	≦0.040	≦0.030	a)	11.50 ~13.50	—	—	—	—	—
オーステナイト系	SUS304	≦0.08	≦1.00	≦2.00	≦0.045	≦0.030	8.00 ~10.50	18.00 ~20.00	—	—	—	—	—
オーステナイト系	SUS316	≦0.08	≦1.00	≦2.00	≦0.045	≦0.030	10.00 ~14.00	16.00 ~18.00	2.00 ~3.00	—	—	—	—
二相系	SUS329J1	≦0.08	≦1.00	≦1.50	≦0.040	≦0.030	3.00 ~6.00	23.00 ~28.00	1.00 ~3.00	—	—	—	—
二相系	SUS329J3L	≦0.030	≦1.00	≦2.00	≦0.040	≦0.030	4.50 ~6.50	21.00 ~24.00	2.50 ~3.50	—	0.08 ~0.20	—	—
析出硬化系	SUS630	≦0.07	≦1.00	≦1.00	≦0.040	≦0.030	3.00 ~5.00	15.00 ~17.50	—	3.00 ~5.00	—	0.15 ~0.45	—
析出硬化系	SUS631	≦0.09	≦1.00	≦1.00	≦0.040	≦0.030	6.50 ~7.75	16.00 ~18.00	—	—	—	—	0.75 ~1.50

a）Niは0.60％を超えてはならない

（JIS G 4303:2021 を参考にして作成）

フェライト系ステンレス鋼

　代表鋼種にFe–18 % CrのSUS430がある。一般的なステンレス鋼であり、耐食性、溶接性、加工性は比較的良い。フェライト組織のため磁石を引き付ける。

マルテンサイト系ステンレス鋼

　代表鋼種にFe–13 % CrのSUS410がある。高温でオーステナイト相から焼入れ、焼戻しをして強度を高めており、高強度、耐摩耗性に優れる。

オーステナイト系ステンレス鋼

　代表鋼種にFe–18 % Cr–8 % NiのSUS304がある。最も一般的なステンレス鋼であるため使用用途も広い。フェライト系ステンレス鋼と違い低温脆性がないので使用温度範囲は広い。ただし、応力腐食割れを生じやすいという欠点もある。

二相系ステンレス鋼

　代表鋼種にFe–25 % Cr–4.5 % Ni–2 % MoのSUS329J1がある。組織がフェライトとオーステナイトという二相組織となる。応力腐食割れに強く、耐食性、耐海水性なども高い。

析出硬化系ステンレス鋼

　代表鋼種にFe–17 % Cr–4 % Ni–4 % Cu–NbのSUS630がある。高温でNiとの金属間化合物を析出させて高強度化したステンレス鋼である。下地の組織は鋼種によって異なるが、マルテンサイト組織、マルテンサイト＋オーステナイト組織がある。ステンレス鋼のなかでも高強度な鋼種である。

4.2.3　ステンレス鋼に起こる不具合

　ステンレス鋼に起こる不具合はいくつかあるが、全てのステンレス鋼に同様の不具合が発生するわけではない。鋼種によっては発生しないもの、発生しに

くいものもある。ステンレス鋼にとって代表的な不具合を挙げ、その後に不具合と各鋼種を比較する。

応力腐食割れ

　オーステナイト系ステンレス鋼は、応力腐食割れを起こしやすい材料である。応力腐食割れは塩化物イオンの存在する環境で孔食や粒界腐食を起点として、溶接の引張残留応力などが応力要因となって破壊する現象である。応力腐食割れの組織を**図4.10**に示す[14]。応力腐食割れは粒内から破壊するタイプと粒界から破壊するタイプがある。粒内破壊型は塩化物イオンの濃縮など、粒界破壊型は鋭敏化などがそれぞれ原因となる。一方、フェライト系ステンレス鋼や二相系ステンレス鋼は応力腐食割れに強い。

鋭敏化

　鋭敏化は主にオーステナイト系ステンレス鋼で問題になる。ステンレス鋼を600～800 ℃に加熱すると、結晶粒界にCrとCの化合物が析出する。そして、その周囲のCr量が減少する。
　ステンレス鋼の不動態皮膜はCr量が影響するため、Cr量が減少すると耐食性が低下する。鋭敏化が起こると、粒界が腐食される粒界腐食を起こしやすく

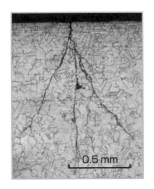

0.5 mm　　　0.5 mm

（旭化成エンジニアリング株式会社）

図4.10　ステンレス鋼の応力腐食割れ

なる。オーステナイト系ステンレス鋼の場合、C 量を 0.03 ％以下にすることで鋭敏化を起こす時間を遅くすることができる。熱間加工や溶接などを行った時は、急冷させて 600～800 ℃の温度域を素早く通ることが重要である。

σ 脆性

　Fe–Cr 系状態図に見られる σ 相が原因で脆性的に破壊することである。σ 相は脆くて硬い金属間化合物であり、組織中に存在すると脆化の原因になる。σ 相は Fe–Cr 系のステンレス鋼だけでなく、Fe–Cr–Ni 系のステンレス鋼においても現れる。

　σ 相を形成させやすい元素として Cr、Mo、Si などがあり、抑制する元素として Ni、C、N などがある。σ 相は 600～800 ℃程度で形成される。なお、σ 相はそれよりも高い温度で保持し、母相に固溶させて急冷することで、靭性を回復する。

475 ℃脆性

　Fe–Cr 系状態図では σ 相よりも低い温度域（400～500 ℃）において、スピノーダル分解とよばれる α 相と α′ 相の二相に分離する現象が起こる。α 相は低クロム相であり、α′ 相は高クロム相である。α′ 相は硬くてもろいため、組織中に存在すると脆化の原因になる。この現象は 475 ℃付近で最も顕著であるため、475 ℃脆性と呼ばれている。σ 脆性と同様に、475 ℃脆性も高温で保持して α 相単相にしたのち急冷することで靭性を回復する。

局部腐食

　ステンレス鋼は日常的な環境では優れた耐食性を示すが、塩化物イオンが存在すると不動態皮膜が破壊されて腐食が進行する。しかしこの時、炭素鋼のような全面腐食ではなく、材料の一部が腐食される局部腐食を起こしやすい。

　ステンレス鋼に発生する主な局部腐食として粒界腐食、孔食、すき間腐食などがある。粒界腐食の主な原因は鋭敏化であり、孔食とすき間腐食の発生には塩化物イオンが関係している。材料表面から孔状に腐食するのが孔食で、すき

間部で腐食するのがすき間腐食である。ステンレス鋼の孔食に対する評価として孔食指数がある。海岸付近など塩化物イオンの多い環境では、高い孔食指数のステンレス鋼が求められる。

低温脆性

フェライト系ステンレス鋼は結晶構造が体心立方格子であり、オーステナイト系ステンレス鋼は面心立方格子である。体心立方格子は炭素鋼などと同様に、低温になると脆性的になる低温脆性が起こる。この現象は面心立方格子ではほとんど起こらない。

4.3　アルミニウム合金

アルミニウムは密度が 2.7 g/cm^3 と、鉄の密度 7.87 g/cm^3 のおよそ 1/3 程度であり、軽金属と呼ばれている。アルミニウムが初めて工業的に利用されるようになったのは 19 世紀であった。それから百数十年、現在世界のアルミニウム年間生産量は約 5,700 万トンである。現在、日本でアルミニウム新地金は生産されておらず、全て輸入に頼っている。日本での年間需要量は約 400 万トンである[15)16)]。金属材料としては鉄に次ぐ生産量である。

アルミニウムの原料はボーキサイトと呼ばれる赤褐色の鉱石である。ボーキサイトとはアルミニウムの酸化物であるアルミナ（酸化アルミニウム）Al_2O_3 を 40〜60 ％含有している。ボーキサイトの残りの成分はシリカ、酸化鉄、酸化チタンなどである。ボーキサイトを苛性ソーダでアルカリ処理すると、シリカなどの不純物が除去されてアルミン酸ナトリウムとなる（式(4.4)、式(4.5)）。そして、アルミン酸ナトリウム溶液から水酸化アルミニウムの結晶を析出させる（式(4.6)）。これをろ過、洗浄後、約 1,000 ℃で加熱すると純度の高いアルミナが得られる（式(4.7)）。これをバイヤー法という[17)]。

$$Al(OH)_3 + OH^- \ \rightarrow \ Al(OH)_4^- \qquad (4.4)$$

$$AlOOH + OH^- + H_2O \ \rightarrow \ Al(OH)_4^- \qquad (4.5)$$

$$\mathrm{Al(OH)_4^-} \rightarrow \mathrm{Al(OH)_3} + \mathrm{OH^-} \qquad (4.6)$$

$$2\mathrm{Al(OH)_3} \rightarrow \mathrm{Al_2O_3} + 3\mathrm{H_2O} \qquad (4.7)$$

　次の工程として氷晶石（$\mathrm{NaAlF_6}$）とフッ化アルミニウム（$\mathrm{AlF_3}$）（またはフッ化ナトリウム（NaF））を約 1,000 ℃で溶解し、その中にアルミナを入れて溶解させる。そこに炭素を陽極として電気を流し電気分解することで、陰極（容器の底部）にアルミニウムが得られる（式(4.8)）。これをホール・エルー法という[18]。アルミナの融点は約 2,000 ℃強だが、氷晶石とフッ化アルミニウムを溶解した溶融塩を使用することで、約 1,000 ℃にて溶解することができる。このようにイオン性の固体を高温で溶解させて電気分解する方法を溶融塩電解という。溶融塩電解は、アルミニウムの他にマグネシウムなどにも利用される。

　ホール・エルー法は大量の電気を使用する。その量はアルミナ 1 トンにつき 14,000～15,000 kWh とも言われる。そのためアルミニウムは「電気の缶詰」とよばれることがある。ホール・エルー法によって生成されたアルミニウムの純度は 98 ％程度である。アルミニウム 1 トンを製造するために、アルミナが約 2 トン必要となる。そして 2 トンのアルミナを製造するためにはボーキサイトが約 4 トン必要になる。

$$2\mathrm{Al_2O_3} + 3\mathrm{C} \rightarrow 4\mathrm{Al} + 3\mathrm{CO_2} \qquad (4.8)$$

4.3.1　アルミニウム合金の基礎

　アルミニウムは軽量であること、結晶構造は面心立方格子であるため軟らかく加工性が良いこと、電気や熱の伝導体としても優良なこと、腐食されにくいことなどの特性から、身の回りの様々な製品に使用されている。特に自動車の低燃費、省エネルギーという観点から軽量化を考慮した時に、アルミニウムは大変有望な材料である。またアルミニウムは融点が低く 660 ℃のため、溶解が容易である。そのためリサイクル性に優れており、日本でのアルミニウム缶のリサイクル率は約 90 ％に達している。そしてアルミニウムを原料のボーキサイトから新規に金属に製錬する時と比較して、リサイクルする時のエネルギー量はわずか 3 ％程度ですむ。

4.3.2 アルミニウム合金の JIS 規格

アルミニウム製品を分類する時は、板や棒などの展伸材、溶解鋳造用の鋳造材、ダイカスト用のダイカスト材の3種類に分類する。これらは JIS 規格によって合金組成、熱処理、機械的性質などが決められている。そして展伸材と鋳造材は主に熱処理型合金と非熱処理型合金に分けられる。アルミニウム合金の展伸材の JIS 規格を**表 4.6**、**表 4.7** に示す。ダイカスト材では通常、熱処理は行わないため、熱処理型・非熱処理型という分類は見られない。

アルミニウム合金の熱処理は、Al–Cu 系合金に見られる時効析出硬化が基本になる。Al–Cu 系合金状態図を**図 4.11** に示す[3]。そして、この強化機構にもとづいて他の熱処理型のアルミニウム合金も設計されている。例えば Al–4 % Cu 合金を α 単相温度で保持し、均一な α 相組織にした後に急冷して、常温で過飽和固溶体を作る。これを $\alpha + \theta$(CuAl$_2$)域の温度に再加熱することで、過飽和固溶体から θ 相の析出によって材料が硬くなる現象である。アルミニウムの主な熱処理型の合金としては 2000 系（Al–Cu–Mg 系合金）、6000 系（Al–Mg–Si 系合金）、7000 系（Al–Zn–Mg 系合金）がある。

アルミニウム合金の時効析出過程を解説する時に、主に Al–Cu 合金が用いられる。本書でも Al–Cu 系から時効析出過程を解説する。

Al に Cu は最大約 5.6 % 固溶する。時効析出を利用する場合、最大固溶量に

表 4.6 展伸用アルミニウム合金の JIS 規格

名称	主な組成	特徴
1000 系	純アルミニウム	―
2000 系	Al–Cu–Mg	析出強化型
3000 系	Al–Mn	固溶強化型
4000 系	Al–Si	耐熱性、耐摩耗性
5000 系	Al–Mg	固溶強化型
6000 系	Al–Mg–Si	析出強化型
7000 系	Al–Zn–Mg–Cu	析出強化型、高強度

(JIS H4000:2014、JIS Z3232:2009 を参考にして作成)

表 4.7　展伸用アルミニウム合金の化学成分（抜粋）

材料系	合金番号	Si	Fe	Cu	Mn	Mg	Cr	Zn	Ti	Be	その他個別	その他合計	Al
1000系	1100	Si+Fe ≦0.95		0.05~0.20	≦0.05	—	—	≦0.10	—	—	≦0.05	≦0.15	≧99.00
2000系	2017	0.20~0.8	≦0.7	3.5~4.5	0.40~1.0	0.40~0.8	≦0.10	≦0.25	≦0.15	—	≦0.05	≦0.15	残部
3000系	3003	≦0.6	≦0.7	0.05~0.20	1.0~1.5	—	—	≦0.10	—	—	≦0.05	≦0.15	残部
4000系	4043	4.5~6.0	≦0.8	≦0.30	≦0.05	≦0.05	—	≦0.10	≦0.20	≦0.0003	≦0.05	≦0.15	残部
5000系	5052	≦0.25	≦0.40	≦0.10	≦0.10	2.2~2.8	0.15~0.35	≦0.10	—	—	≦0.05	≦0.15	残部
6000系	6061	0.40~0.8	≦0.70	0.15~0.40	≦0.15	0.8~1.2	0.04~0.35	≦0.25	≦0.15	—	≦0.05	≦0.15	残部
7000系	7075	≦0.40	≦0.50	1.2~2.0	≦0.30	2.1~2.9	0.18~0.28	5.1~6.1	≦0.20	—	≦0.05	≦0.15	残部

（JIS H4000:2014、JIS Z3232:2009 を参考にして作成）

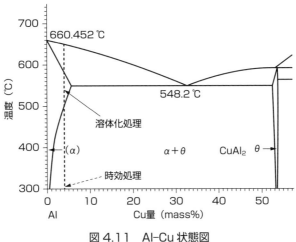

図 4.11　Al-Cu 状態図

近い合金組成にすることが多い。その方が析出物の量が増えて硬化するからである。Al-Cu 系の場合 Al-4 ％ Cu 程度が使用される。通常この材料はアルミニウムの α 相と共晶組織となる。これを α 単相温度で保持することで共晶組織が α 相に固溶して、α 単相組織となる。これを溶体化処理と呼ぶ。溶体化処理温度は共晶温度（548 ℃）付近まで温度を上げて加熱して 500〜530 ℃程度で行うことが多い。もし、共晶温度以上に温度を上げてしまうと、共晶組織部分が溶解する現象が起きる。そのため、溶体化処理は必ず共晶温度以下で行われる。

　図 4.11 の状態図によると、室温では $\alpha+\theta$ の 2 相組織である。溶体化処理後にゆっくり冷却すると、θ 相の溶解度の減少にともない θ 相の析出が起こる。ここで溶体化処理後に急冷すると、θ 相を析出する時間がなく、室温でも α 単相組織ができる。平衡状態よりも多くの θ 相を固溶しているので、この α を過飽和固溶体という。冷却速度が遅いと、α 単相から θ 相の析出が起こり、その後の時効析出で強度が得られなくなるため、析出過程がうまく進まなくなる。

　過飽和固溶体を $\alpha+\theta$ の 2 相領域の 100〜200 ℃程度に加熱すると、θ 相の析出が起こる。この析出は θ 相が一気に析出するのではなく、段階的に起こる。そのため、硬さと析出時間をプロットすると、直線関係にはならず、いくつかの段階が現れ、ある時に硬さのピークが見られ、最後は硬さが低下していく。

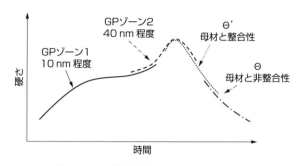

図4.12　時効析出の時間と硬さの関係

その様子を**図 4.12** に示す[15]。

　また、加熱保持温度によって最高硬さに達する時間も変化する。Al–Cu 系の析出過程は GP ゾーン 1、GP ゾーン 2、θ' 析出、θ 析出と表される。GP ゾーンは発見した Guinier 氏と Preston 氏にもとづき Guinier–Preston Zone とも呼ばれる。これは時効析出の初期段階で、Cu 原子が集まり集合体を作ることである。この時はまだ θ 相ではない。この集合体は厚さ原子 1 層程度、サイズが数 nm 程度である。

　GP ゾーン 1 から GP ゾーン 2 になると、集合体のサイズも厚く、大きくなる。この GP ゾーンは周りの Al の結晶構造と無関係に析出するのではなく、Al の結晶構造に従って析出する。この状態は「母相と整合性を保っている」と表現する。そして θ' の析出が起こる。この θ' も母相と整合性を保って析出している。GP ゾーン 2 から θ' の析出が起こる過程で最大硬さを示す。最後に母相と整合性のない θ 相の析出が起きる。この段階では逆に硬さは低下してしまうため過時効とも呼ばれる。

4.3.3　アルミニウム合金に起こる不具合

　アルミニウムの腐食について、電位–pH 図を**図 4.13** に示す[15]。アルミニウムは pH 4〜8 程度の中性領域では高い耐食性を示すが、強酸、強アルカリどちらにも溶解する性質がある。アルミニウムの安定域は水の安定域よりも低いため

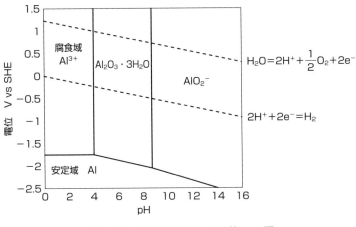

図4.13 アルミニウムの電位-pH図

に水素発生、溶存酸素消費型のどちらの腐食も起こる。pH 2以下の強酸、pH 10以上の強アルカリで、アルミニウムは腐食する。

アルミニウム合金は鉄よりもイオン化傾向が卑なため、異種金属接触腐食を起こしやすい。一方ステンレス鋼のように不動態皮膜を持つため、腐食形態はステンレス鋼と同様に孔食、すき間腐食などの局部腐食が起こりやすい。合金系によっては応力腐食割れも起こる。アルミニウム合金に添加される元素はアルミニウムよりも貴な元素があるため、耐食性については各合金系で異なる。

1000系
純アルミニウムであるため耐食性は良い。Si、Fe、Cuが多いと耐食性が低下する。

2000系　Al–Cu系
Cuはアルミニウムの耐食性を害するため、耐食性は悪い。

3000系　Al–Mn系
Mnはアルミニウムと電位が近いため耐食性は低下せず、良いままである。

4000 系　Al-Si 系

Si はアルミニウムの耐食性を害して、孔食を発生させやすくする。

5000 系　Al-Mg 系

Mg はアルミニウムよりも電位が卑である。また、アルミニウムにマグネシウムを添加すると、耐食性は向上する。しかし、4 ％以上添加すると応力腐食割れを起こしやすくなる。

6000 系　Al-Mg-Si 系

Mg と Si を添加した合金である。耐食性は良い。

7000 系　Al-Zn-Mg 系

Zn によって孔食が起こりにくくなるが、7000 系は応力腐食割れを起こしやすい合金である。

アルミニウムの防食として様々な表面処理があるが、なかでも陽極酸化処理（アルマイト処理とも呼ばれる）が広く使用されている。陽極酸化処理とはアルミニウム表面を酸化させて酸化皮膜を生成する処理である。アルミニウムを硫酸やシュウ酸などの溶液に浸し、アルミニウムを陽極として電気分解することで酸化皮膜を生成する。陽極酸化皮膜のモデル図を**図4.14**に示す[19]。アルミニウムのすぐ上にはバリヤー層と呼ばれる緻密な層があり、その上に多孔質層と呼ばれる層がある。多孔質層には穴があり、そのままでは耐食性はよくないので、耐食性を向上させるために穴をふさぐ封孔処理が行われる。また穴に塗料を入れることで着色もできる。

4.3.4　アルミニウムと溶接の不具合

アルミニウムに関する問題として溶接性も挙げられる。アルミニウムは鉄鋼材料よりも軽量のため、自動車や鉄道車両などでの利用が増加している。これらの構造物を製造するためには部材と部材を接合する技術が重要となる。

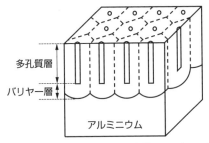

多孔質層

バリヤー層

アルミニウム

(F. Keller, M. S. Hunter, D. L. Robinson : J. Electrochem. Soc., 100, (1953), 411)

図4.14 アルミニウムの陽極酸化モデル

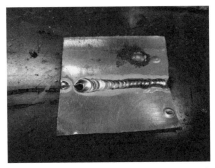

(WELDTOOL)

図4.15 アルミニウム合金の溶接不具合例

　アルミニウムの接合としては不活性ガスを使用する TIG 溶接、MIG 溶接が広く使用される。また近年、固相接合として FSW も行われている。しかしアルミニウムの溶接は鉄鋼の溶接とは異なる点が多く、溶接不良を起こしやすい。アルミニウムの溶接不良の例を**図4.15**に示す[20]。アルミニウムの溶接性に関して注意すべき項目として4点あげられる[15)21)]。

母材表面に酸化皮膜が形成される

　アルミニウムは酸素との親和力が強く、大気中の酸素によって表面にアルミナの酸化膜が形成される。この酸化膜の融点は約 2,000 ℃であり、アルミニウムの融点 660 ℃よりも高い。そのため、母材が溶解しても、酸化膜が残るため、

母材同士の融合が妨げられてしまう。

　なお、鉄鋼を溶接する時にも鉄鋼表面に酸化膜が存在するが、鉄の酸化膜の融点は 1,360 ℃で鉄の融点 1,538 ℃より低いため、酸化膜は溶接時に溶解する。

熱伝導が高い

　アルミニウムは鉄よりも熱伝導がよい。そのため、母材の溶込み状態などが刻々と変化しやすい。その結果ビード幅が不安定になりやすい。図 4.15 は最終的に穴があいた例である。

ブローホールを起こしやすい

　溶解したアルミニウムは水素を溶解しやすい性質があるため、水素が放出されずに凝固されるとブローホールとなる。水素の発生源としては大気中の水分、溶接材や溶加材の水分や固溶水素、シールドガス中の水分などがあげられる。

溶接割れを起こしやすい

　アルミニウムは鉄よりも熱膨張係数が大きいため、溶接後の冷却にともなう収縮によって割れを生じやすい。溶接割れは合金系によって傾向が異なる。2000 系、7000 系は溶接割れを起こしやすい。6000 系も溶加材を同じ組成にすると溶接割れを起こしやすい。

　アルミニウムの溶接に関しては、JIS Z3604 に溶接する母材と溶加材の組合せや溶接入熱条件などについて記載されているので参考にするとよい。またアルミニウムの TIG 溶接では交流で行われる。これはクリーニング作用によって母材表面の酸化膜を除去しつつ、適度な溶込み深さを得られるためである。

4.4　銅合金

　銅は人類が古くから使用してきた材料であり、その歴史は 1 万年以上前までさかのぼることができる。最古の銅は紀元前 8700 年のイラク北部で発見され

た銅のペンダントとされている。国内で銅が初めて使用されたのは紀元前300年の弥生時代と言われている。現代での銅の生産量は金属としては鉄、アルミニウムに次ぐ3番目の生産量である。世界の年間生産量は約2,000万トン、日本の年間生産は約150万トンである[22]。

日本で使用される硬貨は1円玉以外全て銅合金である。これを**図4.16**に示す。1円玉はアルミニウム、5円玉は黄銅、10円玉は青銅、50円玉と100円玉は白銅、500円玉は洋白である。

自然界には金属銅として存在する自然銅があるが、これは少ない。通常、銅の製錬は銅鉱石から行われる。原料として黄銅鉱（$CuFeS_2$）や輝銅鉱（Cu_2S）などが使用される。銅の製錬・精錬工程は主に自溶炉、転炉、精錬炉、電解精錬の4工程からなる。

自溶炉では銅鉱石から鉄分を分離し、銅の硫化物（マット）を得る。マットの銅含有量は65%程度である。これを式(4.9)に示す[23]。

$$CuFeS_2 + SiO_2 + O_2 \rightarrow Cu_2S \cdot FeS + 2FeO \cdot SiO_2 + SO_2 \qquad (4.9)$$

転炉では酸素を導入し、マットを酸化させることで99%程度の銅を得る。なお、ここで得られたSO_2ガスは硫酸として回収する。これを式(4.10)に示す。

$$Cu_2S \cdot FeS + SiO_2 + O_2 \rightarrow Cu + 2FeO \cdot SiO_2 + SO_2 \qquad (4.10)$$

精製炉ではブタンガスを還元剤として吹き込み純度を99%以上にする。これを電解精錬用のアノード電極に鋳造する。

電解精錬ではカソード電極にステンレス板を使用して、アノード電極の銅板

a) 表側（漢数字側）

b) 裏側（製造年側）

図4.16　日本の硬貨

と交互に硫酸銅溶液に挿入し、約10日かけて直流電流を流し、ステンレス板に電着させる。最終的にステンレス板から銅を回収する。電解精錬によって99.99％の純度が得られる。

銅は優れた電気伝導率、熱伝導率を示す。これは周期表で同じ11族の元素の銀、金にも共通している。室温における純金属の電気伝導率は、銀に次いで2番目の値を示す。そのため電線や電気機器などに多く利用されている。

4.4.1　銅合金の基礎

銅は面心立方格子の結晶構造である。銅の特徴として、電気伝導率や熱伝導率が高いことの他に柔らかく伸びが大きいため加工性に優れること、様々な色調があること、耐食性が優れていることなどが挙げられる。

銅の標準電極電位は鉄よりも貴である。さらに、表面に形成される腐食生成物が水や酸素の侵入を防ぎ、腐食反応を抑えるため、耐食性はよい。銅の腐食生成物として緑青がある。これは青色の酸化膜であり、銅像などに見られる。なお緑青に有毒性はない。

4.4.2　銅合金の JIS 規格

銅合金の JIS 規格として純銅系、黄銅系（Cu–Zn 系）、青銅系（Cu–Sn 系）、白銅（Cu–Ni 系）などがある。これらを**表 4.8**、**表 4.9** に示す。

表 4.8　銅合金の JIS 規格

分類	合金名
純銅	無酸素銅、タフピッチ銅、リン脱酸銅など
黄銅（真鍮、ブラス）	Cu–30％Zn、Cu–40％Zn、アルミニウム黄銅など
青銅（ブロンズ）	Cu–Sn 合金、リン青銅、アルミニウム青銅など
白銅（キュプロニッケル）	Cu–10〜30％Ni　50円、100円硬貨など
洋白（ニッケル黄銅）	Cu–5〜35％Ni–10〜35％Z　500円硬貨など

（JIS H3250:2021、JIS H3110:2018、JIS H3100:2018 を参考にして作成）

表 4.9　銅及び銅合金の化学成分（抜粋）

材料系	合金番号	Cu	Pb	Fe	Sn	Zn	Al	Mn	Ni	P
無酸素銅	C1020	≧99.96	—	—	—	—	—	—	—	—
タフピッチ銅	C1100	≧99.90	—	—	—	—	—	—	—	—
リン脱酸銅	C1201	≧99.90	—	—	—	—	—	—	—	0.004~0.014
黄銅	C2600	68.5~71.5	≦0.05	≦0.05	—	残部	≦0.02	≦0.02	≦0.02	—
黄銅	C2800	59.0~63.0	≦0.10	≦0.07	—	残部	≦0.03	≦0.03	≦0.05	—
りん青銅	C5191	≧99.5(Cu+Sn+P)	≦0.02	≦0.10	5.5~7.0	≦0.20	—	—	—	0.03~0.35
白銅	C7060	残部	≦0.02	1.0~1.8	—	≦0.50	—	0.20~1.0	9.0~11.0	—
洋白	C7521	62.0~66.0	≦0.03	≦0.25	—	残部	—	≦0.50	16.5~19.5	—

（JIS H3250:2021、JIS H3110:2018、JIS H3100:2018 を参考にして作成）

無酸素銅

　無酸素銅（C1020）は、純度 99.96 ％以上の銅である。リンのような脱酸材を使用せずに純度を高め、酸素量を下げている。そのため、電気伝導率も良く、水素脆化も起こさない。銅本来の性質である伸び、加工性、耐食性などもよい。

タフピッチ銅

　タフピッチ銅（C1100）は、純度 99.90 ％程度の銅である。電気伝導率が良いので広く電線や電気材料に使用される。しかし、酸素が 0.03 ％程度残存するため、高温で酸素と水素が反応して水蒸気を生成し、き裂を引き起こす水素脆化を起こす。

リン脱酸銅

　リン脱酸銅（C1201）はタフピッチ銅と同程度の純度 99.90 ％だが、リンによって酸素含有量を 0.02 ％以下まで下げた銅である。リンがあるため電気伝導率はタフピッチ銅には劣るが、酸素量が少ないため水素脆化を起こさない。

黄銅

　黄銅は真鍮やブラスとも呼ばれる銅と亜鉛の合金である。安価で黄色い光沢があることから、様々な製品に使用される。Cu–Zn 系状態図を**図 4.17** に示す[3]。Cu–30 ％ Zn 程度までは α 銅固溶体であるが、それ以上の亜鉛量になると β 固溶体が現れる。金属組織としては、α 単相よりも $\alpha + \beta$ の 2 相組織の方が強度がある。黄銅の JIS 規格として様々な亜鉛含有量の黄銅がある。Cu–30 ％ Zn と Cu–40 ％ Zn が広く使用され、規格として C2600（七三黄銅）や C2800（六四黄銅）などがある。図 4.17 に Cu–30 ％ Zn と Cu–40 ％ Zn の印も示す。

すず青銅

　すず青銅はブロンズとも呼ばれる銅とすずの合金である。黄銅よりも耐食性に優れ、鋳造性が良いことから鋳物としても使用される。すずの添加量によって色彩が変わり、すずの量が少ないと 10 円硬貨のような純銅に近い赤銅色で

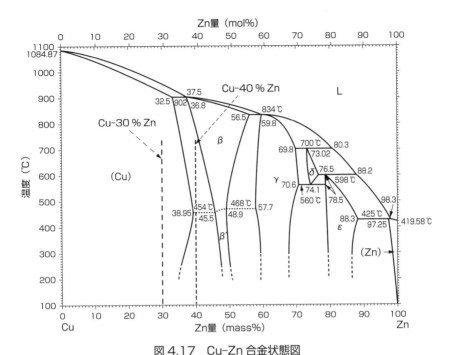

図 4.17　Cu–Zn 合金状態図

(T.B. Massalski, H. Okamoto, P.R. Subramanian, L. Kacprzak, (1990). *Binary Alloy Phase Diagrams, 2nd Edition*, ASM International)

あるが、すずの量が多くなると黄色になっていく。すず青銅の Cu–Sn 系状態図を図 4.18 に示す[3]。α の最大固溶量は約 520 ℃における 15.8 ％である。そして、温度が下がるにつれて α の固溶量が減少し、室温では固溶量がほとんどなくなる。しかし、室温まで徐冷することはないため、実際に使用する時は Sn は固溶していると考えてよい。

白銅

　Cu–Ni 合金のなかで Ni 量が 10～30 ％の合金を白銅と呼ぶ。またはキュプロニッケルとも言う。50 円硬貨、100 円硬貨は Cu–25 ％ Ni 合金である。この合金の色彩は銀白色である。Cu–Ni 合金は全率固溶型の状態図であり、図 4.19 に示す[3]。塑性加工しやすくて深絞り加工もでき、耐食性や耐海水性もよい。

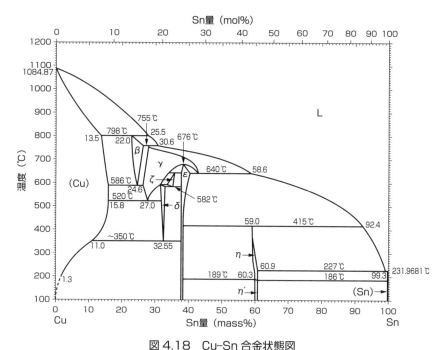

図4.18　Cu-Sn合金状態図

(T.B. Massalski, H. Okamoto, P.R. Subramanian, L. Kacprzak, (1990). *Binary Alloy Phase Diagrams, 2nd Edition*, ASM International)

洋白

　洋白は黄銅にNiを添加した合金であり、500円硬貨などに使用されている。ニッケルシルバー、ニッケル黄銅などの呼び名もある。美しい銀白色になるため、装飾品、食器などに使用される。また、ばね特性が優れており、ばね材料としても使用される。

4.4.3　銅合金に起こる不具合

脱亜鉛腐食（脱成分腐食）

　脱亜鉛腐食は文字通り亜鉛が関係する腐食である。銅と亜鉛からなる黄銅において、亜鉛成分のみが腐食し、溶出する現象である。そのため、残った銅は

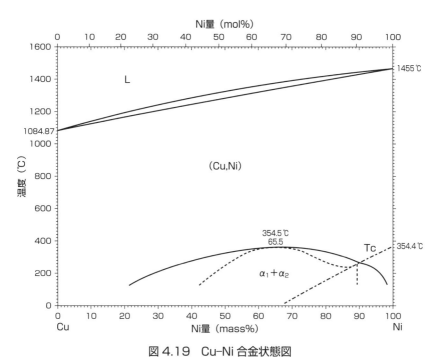

図 4.19　Cu–Ni 合金状態図
(T.B. Massalski, H. Okamoto, P.R. Subramanian, L. Kacprzak, (1990). *Binary Alloy Phase Diagrams, 2nd Edition*, ASM International)

スポンジ状になり強度不足となる。脱亜鉛腐食の例を**図 4.20** に示す[24]。

　合金のうち、特定の成分のみが腐食する現象を脱成分腐食と呼ぶ。脱成分腐食の一種が黄銅の脱亜鉛腐食である。脱成分腐食は脱亜鉛腐食以外にも、鋳鉄において黒鉛が残り、鉄が腐食される黒鉛化腐食、アルミニウム青銅の銅が残り、アルミニウムが腐食される脱アルミニウム腐食などがある[25]。

応力腐食割れ（時期割れ）

　応力腐食割れはオーステナイト系ステンレス鋼に起こるが、銅合金にも起こる。銅合金の場合、腐食性物質としてアンモニアが挙げられる。応力腐食割れは黄銅とフェノール樹脂の組合せでもアンモニアが発生するので注意が必要である。黄銅の応力腐食割れを時期割れと呼ぶのは、かつて銃の薬きょうが決ま

（総合バルブコンサルタント株式会社）

図 4.20　黄銅の脱亜鉛腐食

った時期に割れたことに由来する。

5章

金属材料の強度試験と
分析方法

　金属材料の特性を分析する方法は引張強度、化学成分、金属組織など多岐に渡る。化学成分の分析だけでも、多くの手法や設備がある。

　化学成分を分析する方法と機械的性質を分析する方法はそれぞれ細かく分かれている。しかし、例えば化学成分を分析した結果、機械的性質のおおよその見当をつけることができる。これは化学成分によって機械的性質や金属組織がある程度絞り込まれ、その結果として特性が予測できるからである。そのため、分析・評価の目的によっては、必ずしもすべての項目を詳細に調査する必要はない。もちろん、詳細な材料分析のためには化学成分の他にも引張試験や金属組織観察などの分析が必要である。実際の分析・調査ではメインに分析する項目と、確認のための調査項目にある程度分けられる。

　本書では、引張強度などの材料試験と化学成分や金属組織などの金属分析という2種類に分類した。また、これらの分析方法は超音波探傷試験のような非破壊検査とは異なり、製品の一部を切断したり、変形させたりするため破壊試験となる。

5.1　材料強度試験

　金属材料の性質のなかで引張応力や伸びなど、一般的に機械的性質と言われる性質に関する試験を材料強度試験と呼んでいる。これらは製品設計における強度計算、応力解析などに必要不可欠な項目である。強度や硬さの定義は、材料に応力などの外力が負荷された時の変形抵抗である。したがって高強度の材料、硬い材料とは変形させづらい材料だと言える。

　材料強度試験に多くの試験があるのは、材料に負荷される応力や外力などの種類や方法が異なるためである。例えば、応力が静的にゆっくり負荷される時と、瞬間的に大きな応力が負荷される時では材料の挙動が異なる。そのため、静的な負荷と瞬間的な負荷をそれぞれ試験する必要がある。各試験方法はJISなどの規格によって方法が決められており、試験結果を比較できるようになっている。また、ある程度試験ごとの相関性も見られる。一般的な傾向として、

硬くて高強度の材料は伸びが少ない。反対に軟らかい材料は伸びが多い。

5.1.1 引張試験

　引張試験は金属材料の機械的特性を調査する基礎的な試験である。棒状、または板状の試験片に引張応力を静的に負荷して材料を伸ばして変形させ、最終的に引張破壊を起こさせる試験である。引張試験で得られる応力―ひずみ線図から降伏応力、引張応力、伸びなどの値を得ることができる。炭素鋼の引張試験における応力―ひずみ線図を**図 5.1** に示す。

　応力をかけると、はじめはひずみが直線的に増加する。この時材料はフックの法則に従い、応力とひずみは式(5.1)のような直線関係になる。

$$\sigma = \varepsilon E \qquad (5.1)$$

σ：応力　（Pa）

ε：ひずみ　（％）

E：比例係数（ヤング率）　（Pa）

　フックの法則に従う時は弾性変形領域のため、応力を除荷すると元の形状に戻る。この直線の傾き E をヤング率といい、通常「○○GPa」で表される。鉄のヤング率は 200 GPa 程度である。

　応力を増加すると、ある値で比例関係がくずれ、応力を除荷してもひずみが

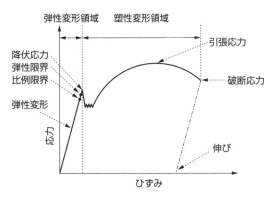

図 5.1　炭素鋼の応力―ひずみ曲線

残り元の形状に戻らなくなる。この応力をそれぞれ比例限度、弾性限度と呼ぶ。さらに応力を増加すると、ある応力値でピークとなり、応力が下がる現象が起きる。このピークの応力を上降伏応力、下がった時の応力を下降伏応力と呼ぶ。単に降伏応力と呼ぶときは上降伏応力を指す。降伏応力は応力を除荷しても永久ひずみが残る応力、塑性変形が始まる応力として扱われる。

　降伏応力の後、しばらくはほぼ一定の応力でひずみが増加する。そしてあるところから、再び応力とともにひずみが増加する。しかしこの時、材料は塑性変形を起こしているため直線関係ではなくなる。この間、材料は一様に伸びていき、やがて最大応力値に達する。この最大応力値を引張応力と呼ぶ。引張応力を過ぎると材料の一部がくびれてくるため、試験断面積が減少し、結果として応力も下がる。最終的に材料が破断し、この時の応力を破断応力と呼ぶ。

　引張試験全体を通して伸びた量を伸び、伸びを元の試験片の評点間距離で割ったものをひずみとして評価する。応力—ひずみ線図上では、破断応力からヤング率の傾きと同じ平行線をおろし、ひずみの軸と交わった値が伸びの量となる。

　これに対してアルミニウム合金などを引張試験した時の応力—ひずみ線図を図 5.2 に示す。アルミニウム合金では鉄鋼材料のように明確な降伏応力が見られなくなる。この場合、最終的な伸びの値の 0.2 ％のひずみの時の応力を 0.2 ％耐力（単に耐力）として塑性変形が始まる応力とし、降伏応力と同じような扱いをする。

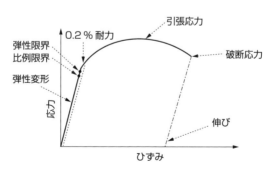

図 5.2　アルミニウム合金の応力—ひずみ曲線

引張試験における応力やひずみは、それぞれ試験前の断面積と評点間距離を元に式(5.2)、(5.3)であらわす。

$$応力 \quad \sigma = \frac{P}{A_0} \qquad (5.2)$$

$$ひずみ \quad \varepsilon = \frac{1 - l_0}{l_0} \qquad (5.3)$$

P：荷重 （N）

A_0：断面積 （mm）

l：試験後の長さ （mm）

l_0：元の長さ （mm）

厳密には断面積や評点間距離は試験中に刻々と変化するため、式(5.2)、(5.3)で表した応力やひずみを公称応力、公称ひずみと呼ぶ。それに対して、試験中に変化する断面積や評点間距離を考慮した応力、ひずみをそれぞれ真応力 σ_t、真ひずみ ε_t と呼び、それぞれ式(5.4)、(5.5)であらわす。

$$真応力 \quad \sigma_t = \frac{P}{A} = \sigma(1 + \varepsilon) \qquad (5.4)$$

$$真ひずみ \quad \varepsilon_t = \int_{l_0}^{1} \frac{dl}{l} = \ln\left(\frac{1}{l_0}\right) = \ln(1 + \varepsilon) \qquad (5.5)$$

真応力、真ひずみは材料の強度を厳密に扱う場合に用いられるが、単に応力、ひずみという時は、公称応力、公称ひずみを指すことがほとんどである。

引張試験ではひずみ速度を一定に保って応力を負荷する。引張試験機の設定としてはクロスヘッド速度があり、材料自身の項目としてはひずみ速度となる。引張試験のひずみ速度としては $10^{-2} \sim 10^{-4}\,\mathrm{s}^{-1}$ 程度が用いられる。そして材料によってはひずみ速度によって降伏応力や引張応力も変化するため、引張試験を実施した時には試験片形状や評点間距離とともにひずみ速度も試験条件として明記する必要がある。

5.1.2　硬さ試験

　硬さ試験とは材料表面に硬い異物を押しつけて、表面に傷をつけさせる試験方法である。硬い材料ほど傷が浅く小さくなり、軟らかい材料ほど傷が深く大きくなる。硬さは、金型のように表面の耐摩耗性を重視する材料で特に重要となる。熱処理の焼入れ深さも硬さで評価する。

　硬さは、引張試験のように材料全体ではなく、表面近傍の性質である。そのため、試験片の大きさも比較的小片でよく、ほとんどの場合金属組織観察の試験片をそのまま使用することができる。試験結果も短時間で簡単に得られるため、広く利用される。

　硬さ試験法は多くあるが、現在主に行われているのはブリネル硬さ試験、ビッカース硬さ試験、ロックウェル硬さ試験、ショア硬さ試験の4種類である。これら試験の特徴を図5.3に示す。なお、硬さは応力のような物理量ではなく、単位ではない。

　ブリネル硬さ試験では鋼球または超硬合金球の圧子を材料に押し付け、生じた永久へこみ（圧痕）を観察する。負荷した荷重を、圧痕の表面積で除した値がブリネル硬さである。通常、数字の後にHBの記号をつけて表現する。H：Hardness（硬さ）、B：Brinell（ブリネル）であり、ブリネル試験により測定し

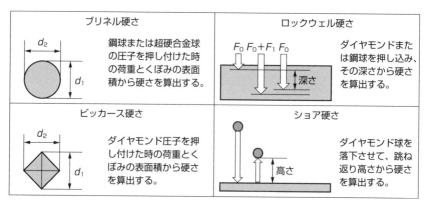

図5.3　各種硬さ試験の概略

た硬さの値であることを示す。

　ビッカース硬さ試験は、対面角 136° の四角錐の形状をしたダイヤモンドを圧子として使用する。そして、ブリネル硬さ試験と同様に、負荷した荷重を、生じた永久へこみ（圧痕）の表面積で除した値がビッカース硬さである。ビッカース硬さでは HV の記号をつける。H：Hardness（硬さ）、V：Vickers（ビッカース）である。

　測定原理はブリネル硬さ試験と同様であるが、両者の違いは試験範囲（圧痕の形状）である。ブリネル硬さ試験では mm 単位のサイズの圧痕ができる。一方、ビッカース硬さ試験では数十 μm 単位の圧痕となる。特に小さい試験荷重、圧痕となる場合、マイクロビッカースと呼ぶこともある。この場合、1 mm 間隔や 0.5 mm 間隔で硬さを測定できる。

　ブリネル硬さ試験では金属組織全体の平均的な硬さを調査するのに適している。一方で、ビッカース硬さ試験は金属組織の硬い相と軟らかい相をそれぞれ測定することができる。また、浸炭や高周波焼入れのように、材料表面から深さ方向に硬さの変化を測定する場合などにも適している。

　ロックウェル硬さ試験は、先端が半径 0.2 mm の丸みを持つ 120° ダイヤモンド円錐や 1/16 インチ（1.5875 mm）の鋼球などを圧子として使用する。三段階に分けて荷重をかける試験で、まず初期荷重 F_0 の力で材料に荷重をかける。次に本試験として F_0+F_1 の荷重をかける。その後初期荷重 F_0 に戻して荷重をかけ、くぼみの深さの差から硬さを算出する。初期荷重は 10 kgf、試験荷重には 60 kgf、100 kgf、150 kgf の 3 種類が使用される。

　ロックウェル硬さ試験には圧子の種類や荷重によって様々なスケールがある。よく使用されるのは B スケール（HRB）と C スケール（HRC）である。B スケールでは 1/16 インチ鋼球の 100 kgf を使用し、C スケールでは 120° ダイヤモンド円錐で先端に半径 0.2 mm の丸みのある圧子の 150 kgf を使用する。

　ショア硬さ試験は先述した 3 種類の硬さ試験と異なり、圧子を押し込む試験ではない。先端が球状のハンマーを落下させ、跳ね返り高さから硬さを算出する。手軽に持ち運べることが利点であり、熱処理後の表面硬さ試験などに使用される。しかし、表面状態や作業者の熟練などにより結果が左右されやすいと

いう欠点もある。そのため技術データというよりも、製造現場での簡単な品質チェックに使用される。

5.1.3　シャルピー衝撃試験

　引張試験は 1 軸方向から一定のひずみ速度で試験される。しかし、実際の機械部品では 3 軸方向から応力を負荷されたり、引張試験時のひずみ速度よりも早いひずみ速度で応力が負荷されたりすることは十分あり得る。そのため、引張試験だけで材料の評価をするのには限界がある。

　そこでシャルピー衝撃試験という試験方法を利用する。シャルピー衝撃試験とは、短時間に大きな応力が負荷された衝撃時の材料挙動を評価する試験である。材料に衝撃が負荷された場合、大きく分けて衝撃エネルギーを吸収してねばり強く延性的・靱性的に破壊するか、ほとんどエネルギーを吸収せずに脆性的に破壊するかに分かれる。材料の衝撃値は吸収エネルギー（J）で評価する。吸収エネルギーが大きいほど延性的な材料であり、吸収エネルギーが小さいほど脆性的な材料になる。

　シャルピー衝撃試験の模式図を図 5.4 に示す。試験片は V 型、U 型など様々な種類の切り欠きのある試験片である。これに数十 kg のハンマーを一定の高さ（角度）から自由落下させて試験片を衝撃破壊させる。衝撃後、再び上がっ

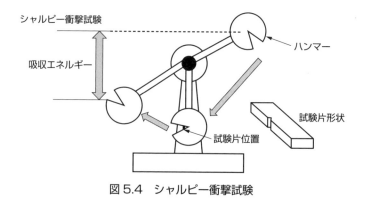

図 5.4　シャルピー衝撃試験

た高さ（角度）から吸収エネルギーを算出する。

　延性的・靱性的な試験片であれば、ハンマーの運動エネルギーを試験片が吸収するので、衝撃後はあまり高く上がらない。反対に脆性的な試験片であれば、ハンマーの運動エネルギーは試験片に吸収されないので、元の高さ付近までハンマーは上がる。鉄鋼材料の低温脆性や延性脆性遷移温度に関しては1章、2章を参照されたい。

5.2　金属分析

　前項で、金属の機械的性質に関する試験方法についていくつか説明した。本項では機械的性質以外の化学成分や金属組織を主に取り扱う。

　全ての分析試験に共通することだが、本項で取り上げる金属分析の各分析試験は、試験片の準備・前処理が非常に重要である。それは、分析する目的を十分に理解したうえで試験片の準備・前処理を行わないと、得られた分析結果に意味がなくなってしまうからである。SEMなどの電子顕微鏡の観察能力やソフト面での扱いについての進歩は著しい。しかし、どんなに優れた分析装置があっても、観察すべき試料が不適切では分析結果自体が不適切になってしまう。試験片の前処理手法については分析装置ごとにおおむね確立されているが、自動化しにくく作業者の経験や熟練に左右される側面も持つ。今後、多くの産業で省人化・機械化が進んでいくと思われるが、金属分析の分野も現在のノウハウを残しつつ、次世代に継承されることを願う。

5.2.1　金属組織分析のフローチャート

　金属分析を行う目的は製品や用途によって様々であるが、いくつかの項目に分類することができる。金属組織分析の内容と目的を**表5.1**に示す。1つ目が化学成分、2つ目が金属組織の顕微鏡観察、3つ目が機械的性質を分析する硬さ試験、4つ目以降がSEM–EDSなどの詳細な分析である。この内、3つ目の機

表 5.1　金属組織分析の内容と目的

手順	分析内容	目的
1	化学成分分析	材料の特定
2	金属組織観察	加工・熱処理の確認
3	硬さ測定など	強度の確認
4	SEM-EDS	詳細分析（主に形状）
5	EPMA、EBSD、XRD など	詳細分析（様々）

表 5.2　S45C の化学組成

名称	鋼種	C	Si	Mn	P	S	Ni	Cr	Cu	Ni+Cr
機械構造用炭素鋼鋼材	S45C	0.42~0.48	0.15~0.35	0.60~0.90	≦0.030	≦0.035	≦0.20	≦0.20	≦0.30	≦0.35

(JIS G 4051:2016)

械的性質については前項にて解説した。

　金属に限らず多くの有機・無機材料にとって、化学成分とは基本となる項目である。化学成分を分析する目的は金属の純度、合金元素の量、不純物元素の量などを明確にすることである。金属の化学成分によって合金状態図の組成がわかり、材料の大枠の組織や特性が明確になる。

　JIS の規格では様々な合金が規格化されている。例えば炭素鋼の S45C であれば、**表 5.2** のように成分が決められている[1]。合金元素のうち、例えば C のように添加量に一定の範囲がある元素と、S のように一定値以下に設定されている元素がある。多くの場合、一定値以下で表される元素は不純物元素であることが多い。少しの量でも強度や脆性など材料に悪影響を及ぼす可能性があるため、上限値が決められているのである。

　金属組織の顕微鏡観察では、結晶粒径・マルテンサイト組織・析出物・加工ひずみ・不純物介在物などを直接観察する。金属材料は通常、元材に鍛造、プレス、切削、熱処理などの加工を行って製品に仕上げている。このような製造工程も金属材料の組織には影響を与えている。そのため製品の品質管理の面からも、製品形状、硬さとともに金属組織観察は重要である。

　そして、製品として使用される時に応力負荷などの要因が加わると金属組織

にも影響される。応力によるひずみが導入されたり、加工誘起マルテンサイトなどの組織変化が起こったりすることもある。あるいは、疲労により表面に発生する小さな割れなどを断面組織で観察できる。

SEM-EDS などによる詳細な分析の目的は、光学顕微鏡の限界を超える高倍率で、微小な成分、偏析などを分析評価することにある。詳細な分析で行うことは疲労破壊の起点や破面観察など、重要な項目であることが多い。電子顕微鏡や EDS などの分析機器は様々な種類があり、目的となる組織のサイズや濃度などによって最適な分析機器を選択しなければならない。

また全ての分析機器には検出感度や分析精度がある。そのため得られた結果に対しても、材料自身が有するバラツキと分析機器が有するバラツキがあることを認識しなければならない。

5.2.2 化学成分の分析

化学成分の分析には、多元素を同時に測定できる分析機器が利用される。分析機器は色々な種類があり、それぞれ特徴がある。JIS では鉄鋼材料、非鉄材料ともに合金成分が規格化されているため、材料によってどの元素を分析すればよいか決まっている。特別に添加した元素がある時は、その元素を追加して分析すればよい。

しかし、分析機器によっては分析精度が悪い元素、分析に不向きな元素もある。その場合は、必要であれば、その元素のみを別の分析機器で分析する。実際のところ、一つの分析装置で周期表の全ての元素を分析することはできない。金属系の元素と酸素などの非金属系の元素は、別の分析装置を用いて分析することがほとんどである。

化学成分の分析には、試料からどのような元素が検出されるか（定性分析）、そして、特定の元素が何％含まれているか（定量分析）の２種類がある。定性分析の精度は分析機器の検出下限に影響する。

定量分析を行うためには、あらかじめ含有量が明確な試料（標準試料）が必要である。そして、標準試料を使用して定量分析を行う手法を検量線という。

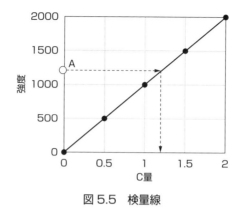

図5.5　検量線

　例として炭素量の検量線による定量分析の概要を**図 5.5** に示す。

　検量線による定量分析では、組成の異なる標準試料を複数種類用意する必要がある（0 ％の標準試料を含めて 3〜5 種類程度あるとよい）。この時用意する最大含有量の標準試料は、分析する試料の予想含有量よりも高くなければならない。この標準試料を分析機器で分析すると、含有量と強度（分析装置によって異なるが、例えば発光強度などがある）のグラフが得られる。このグラフが直線関係で表せることが重要である。その場合、検量線の組成の範囲内であれば、未知試料を測定した時の強度から組成を算出することができる。図 5.5 の例では未知試料の強度が白丸の A 点（強度約 1200）であった時は、その炭素量は約 1.2 ％となることが分かる。

　定量分析を行う時は、検量線を分析する元素ごとに作成する必要がある。そして、検量線の精度が分析精度に直接影響する。検量線そのものは PC ソフトで作成されることがほとんどのため、短時間で多くの元素の検量線を作成できる。そして、未知試料の強度から組成への変換・計算も PC ソフトで行われるため、精度よく行われる。人が関与するのは、化学組成が均一で精度のよい標準試料を用意する部分のみである。

　標準試料が固体の場合、試料の偏析や組織の不均一などがあると組成が不安定になる。均質化熱処理などによって組成をできる限り均一にする必要がある。あるいは、状態図に見られる固溶限の少ない金属間化合物を利用するのも一つ

図5.6 分析機器の構成図

の手段である。一方、標準試料が溶液の場合は、溶液内での不均一性はほとんど無視できるが、標準溶液からの希釈作業が必須である。希釈作業は主に重量または体積を基準に行われるが、この希釈作業の精度が標準試料の精度に影響する。希釈する溶液は主に超純水などが使用されるが、微量元素の分析を行う場合、水の純度や使用する道具、器具のコンタミも影響する。水道水には塩化物イオンやマグネシウムイオンなどが含まれているので、最終的な器具の洗浄には超純水を使用する。標準試料の作製はこれらの要因を十分認識したうえで行う必要がある。

　化学成分の分析機器（機器分析とも言う）は数多くあるが、基本的な構成は図5.6のような5種類から構成される。なお、発光部と検出部は分析機器の種類によってさらに細かく分類されることもある。各部の役割を簡潔に記述する。

試料導入部

　分析するために準備した試料を分析機器に導入する部分。固体試料ではセットする場所、液体試料であればチューブなどで装置に導入する場所となる。ここでも、試料のコンタミには注意を払わなければならない。

発光部

　励起部ということもある。元素はそれぞれ固有の特性を持っており、化学分析ではその特性を検出する。発光部ではその固有の特性を放出する場所を指す。例えばICP-AESではプラズマを放出している箇所にあたる。

検出部

　検出部では発光部で発生した元素の信号をとらえる場所である。ICP-AESではプラズマから先の部分になる。分光分析ではさらに回折部と検出部に細分

化することもある。ICP–MS では質量分析計が検出部となる。

データ処理部

　検出器がとらえたのは元素の信号そのものなので、これを組成（％や ppm など）に換算する処理を行う。通常は PC ソフトにて行う。

出力部

　データ処理した分析結果を PC モニタ上で測定結果を表示する。モニタでの表示の他にプリントアウトする場合などもある。

　化学組成を分析できる機器は多くあるが、化学組成の分析において特に重要な原理である原子スペクトル分析について触れておきたい。

　原子は原子番号、電子の数、原子半径など固有の特性を数多く有する。そのような元素固有の特性の１つに原子スペクトルがある。ボーアの量子条件によると、原子核の周りの電子は決まった軌道を円運動する。電子はエネルギーを持っており、この電子軌道をエネルギー準位という。ここで原子にエネルギーを与えると、電子の円軌道が外側の円軌道に移動して、高いエネルギー準位になる。この現象を励起と呼ぶ。また、励起される前のエネルギーの低い状態を基底状態と呼ぶ。この様子を**図 5.7** に示す。励起された原子は励起状態（B）を長く維持できず、基底状態（A）に戻ろうとする。そして、励起状態から基底状態に戻る時にはエネルギー準位も変化する。この時のエネルギーの差は発

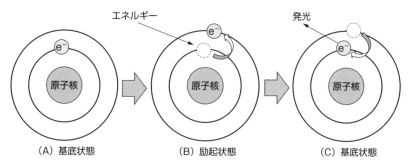

図 5.7　原子の基底状態と励起状態

光スペクトルとして放出される（C）。これを式(5.6)に示す[2]。

$$E_1 - E_0 = h\nu = \frac{hc}{\lambda} \qquad (5.6)$$

E_1、E_0：それぞれのエネルギー準位

h：プランク定数　6.63×10^{-34} Js

ν：振動数

c：3.00×10^8 m/s

λ：波長

　この発光スペクトルは原子固有の値のため、発光スペクトルの波長（または振動数）によって原子の同定（定性分析）ができる。これが原子発光分析である。反対に、エネルギー準位に相当するエネルギーを原子に与えると、そのエネルギーを吸収して、励起状態になる。与えるエネルギーは原子ごとに固有となる。これが原子吸光分析である。さらに、エネルギーを吸収して励起状態になった原子が元の基底状態に戻る時に蛍光を放出する。これが原子蛍光分析である。しかし、原子蛍光分析はあまり使用されていない。

　以上のように、原子スペクトル分析は下記の3種類に分類できる。

・原子発光分析（AES：Atomic Emission Spectrometry）

・原子吸光分析（AAS：Atomic Absorption Spectrometry）

・原子蛍光分析（AFS：Atomic Fluorescence Spectrometry）

　原子スペクトル分析において、基底状態から励起状態に変化する時のエネルギー準位（波長や振動数）は原子固有であるため、波長や振動数から定性分析が行われる。そして、発光強度や吸光度は原子の存在量によって変化するため、発光強度や吸光度に基づいて定量分析が行われる。

　このような原子の励起現象を起こさせるためには高温の熱源が必要となる。原子発光のためにはプラズマ、スパーク放電、グロー放電などが使用され、その温度は5,000～8,000℃程度である。この温度範囲によって、多くの原子を励起させることができる。プラズマは溶液試料の励起源として、スパーク放電、

グロー放電は固体試料の励起源として使用される。一方、原子吸光のためには電気式加熱黒鉛炉などが使用され、その温度は 2,000〜3,000 ℃程度である。温度の違いは励起する原子の種類に関係する。低い温度で励起現象を起こすのはアルカリ元素（ナトリウム、カリウムなど）やアルカリ土類元素（カルシウムなど）などである。

　主な元素分析装置の種類を以下に示す。

・誘電結合プラズマ発光分析：ICP-AES（Inductively Coupled Plasma Atomic Emission Spectrometry）

・誘電結合プラズマ質量分析：ICP-MS（Inductively Coupled Plasma Mass Spectrometry）

・グロー放電発光分析：GD-OES（Glow Discharge Optical Emission Spectrometry）

・グロー放電質量分析：GD-MS（Glow Discharge Mass Spectrometry）

・スパーク放電発光分光分析：OES（Optical Emission Spectrometry）

・原子吸光分析：AAS（Atomic Absorption Spectrometry）

　なお、ICP-AES を ICP-OES（Inductively Coupled Plasma Optical Emission Spectrometry）、発光分析を発光分光分析と呼ぶこともある。スパーク放電発光分光分析は固体発光分光分析または単に発光分光分析と呼ぶこともある。装置名称として、最初に ICP や GD などの励起源の名称がつき、その後に AES や MS などの分析方法の名称がつく。

　原子スペクトル分析は主に金属系の元素に対して ppm または ppb レベルの分析ができる。一方、金属材料にとって炭素や酸素などの非金属元素の影響も大きい。鉄鋼材料の炭素量は発光分光分析にて分析可能であるが、酸素などの非金属元素の分析は原子スペクトル分析とは異なる分析法が行われる。

表 5.3　非金属元素の分析方法

分析元素	分析方法	雰囲気	分析形態
炭素	赤外線吸収法	酸素雰囲気	CO または CO_2
硫黄			SO_2
酸素	赤外線吸収法	不活性雰囲気	CO または CO_2
窒素	熱伝導度法		N_2

　炭素や酸素などの非金属元素の分析では、試料を加熱溶解して目的の非金属元素を放出させ、放出させた元素を分析しやすい状態にして検出器で算出する方式がとられる。加熱時の雰囲気や検出器は分析元素によって異なり、これを表 5.3 に示す[3]。これらの分析方法でも ppm レベルの分析精度が得られる。

　元素分析は ppm から ppb レベルの非常に高感度な分析ができる。それは同時に試料の汚染やコンタミに敏感であるとも言える。試料形状は板状、小片、粉末、溶液など様々であるが、どのような状態でも汚れやコンタミを防ぐように最大限の注意を払わなければならない。試料形状は小さくなるほど、汚れやコンタミが分析結果におよぼす影響が大きくなってしまう。試料自身の汚れ、コンタミ、さびだけでなく、扱う工具や器具も汚染源になることを意識しなければならない。

　試料を汚染しないため、器具の洗浄が重要である。洗浄方法として、さびなどの付着した汚れは研磨などによって除去する。アルコールなどの有機溶剤での洗浄、さらに超音波洗浄も広く使用される。薬包紙などの消耗品は常に新品を使用し、ガラス器具は水垢などが残りやすいので、通常の洗浄以外に1～3％程度の薄い硝酸や塩酸などの酸に一晩漬け込むとよい。大きな汚れは 10 ％程度の濃い硝酸や塩酸などに浸して汚れを落とすとよい。元素分析に使用する工具や器具はできる限り使用を限定して、汚れが付着しないように管理することが望ましい。

5.2.3　光学顕微鏡観察

　金属材料の組織を顕微鏡で観察することは大変意義がある。金属組織観察で

は結晶粒径、析出物の組織、ひずみ、不純物介在物などが観察される。通常、金属製品は多くの加工、熱処理、溶接、表面処理などの工程を行い最終製品となる。すなわち、金属材料は製造過程で行われるほぼ全ての加工を金属組織として表現しており、金属組織は製品の品質と直接的な関係があるといえる。これが金属組織を重要視する理由である。金属組織に現れる固溶体や金属間化合物は合金状態図に示される。一方でマルテンサイト組織のような非平衡組織は状態図に直接的には描かれていないが、実用上重要な組織である。

　金属組織観察の手順を**図 5.8** に示す[4]。正確な金属組織を観察するためには研磨とエッチングが特に重要であり、熟練者と初心者では差が出やすい。しかし、近年では自動研磨機などの装置が普及したこともあり、誰でも行えるようになってきている。

　組織観察作業において最も重要なことは、試料に余計な加工ひずみや熱を加えないことである。組織観察作業において余計な加工ひずみや熱が加えられると、試料の組織に変化が生じる。すると、本来観察すべき組織が観察できなくなったり、研磨キズを結晶粒界と間違えたり、あるはずのない加工ひずみを観

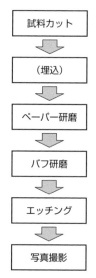

図 5.8　金属組織観察の手順

察したりすることになる。その結果、組織の評価や判断を誤ってしまうことになる。

試料カット

　金属材料を切断する加工機械は数多くあるが、観察する試料の切断にはひずみの少ない砥石が使用されることが多い。バンドソーなどの鋸刃による切断は切断面にひずみを発生させるので好ましくない。軟質の材料では試料を固定する時にひずみが発生すること、硬質の材料はひずみとともに割れや欠けにも注意しなければならない。砥石による切断では切断面がおおむね平面に仕上がるが、その切断面にも加工ひずみが含まれていることを忘れてはならない。通常、砥石切断による加工ひずみはこの後の研磨工程で問題なく除去できる。

埋込

　試料の切断後、そのまま次の研磨工程に進む時もあるが、多くの試料は樹脂埋込を行う。樹脂埋込を行う理由はいくつかある。1つ目は研磨工程が可能な大きさにするため。2つ目は研磨機にセットするサイズが決まっており、そのサイズに合わせるため。3つ目は埋込によって断面のダレを防止し、断面組織を正しく観察するため、などの理由がある。

　埋込樹脂はその手法から常温硬化樹脂と加熱加圧樹脂に分けられる。埋込樹脂にはいくつかの種類と特徴があるのでそれを**表 5.4** に示す[5]。樹脂埋込で重要な項目を5種類あげる。

表 5.4　埋込樹脂の種類

タイプ	樹脂の種類	硬化時間	主な色	特徴
常温硬化樹脂	エポキシ	1～12 時間	透明	試料との密着性がよい
	アクリル	10～30 分	半透明	汎用的
加熱加圧樹脂	エポキシ	10～20 分	黒など	硬い
	アクリル	10～20 分	透明	軟らかい
	フェノール	10～20 分	黒など	汎用的・経済的
	導電性フェノール	10～20 分	黒など	SEM 観察に有効

1. 試料への熱影響
2. 硬化時間
3. 試料と樹脂の密着性
4. 試料と樹脂の硬さのバランス
5. 導電性

1.　試料への熱影響

　樹脂埋込では冷間樹脂でも数十℃から 100 ℃付近まで加熱され、熱間埋込では 150〜180 ℃程度に加熱される。金属試料によってはこの温度でひずみの解放や再結晶などの組織変化を起こす材料もある。埋込温度が試料に与える影響をあらかじめ確認する。

2.　硬化時間

　作業効率を考えると短時間で硬化する樹脂がよい。一方、エポキシ樹脂は、硬化時間は長いが密着性がよいという特徴もある。また冷間埋込では多くの試料を用意して一度に埋込できるが、熱間埋込では 1 試料ずつ埋込む必要がある。作業効率も考慮して埋込方法を選択する。

3.　試料と樹脂の密着性

　次の工程である研磨、エッチング作業において最も重要になるのが、試料と樹脂の密着性である。試料と樹脂の密着性が悪いと μm 単位のすき間が生じる。このようなすき間があると、研磨中の研磨された金属粉や研磨粉がすき間に入り込む。すると、研磨工程においてコンタミとなり、試料にキズがつき、仕上がり品質に悪影響を及ぼす。さらに、エッチングにおいてもエッチング液がすき間に侵入して洗浄しても取り切れず、腐食の原因となってしまう。

4.　試料と樹脂の硬さバランス

　樹脂の硬さは樹脂の種類によっておおよそ決まってくる。硬い試料には硬い樹脂を使用するとよい。そうすれば試料と樹脂が同じように研磨されていく。樹脂の方が軟らかいと、樹脂の方が先に研磨されてしまい、試料の端がダレてしまうため望ましくない。

5.　導電性

　研磨作業と直接な関係はないが、光学顕微鏡観察の後に SEM などの電子顕

微鏡観察をすることはよくある。その場合、試料の導通が必要になる。通常の樹脂は導電性がないので、SEM 観察のためには金属コーティングなどの処理が必要である。しかし、あらかじめ樹脂に導電性フィラーなどを混合していれば、導通が取れて、研磨した試料をそのまま SEM 観察できる。

　最近では冷間埋込、熱間埋込ともに導電性フィラーや導電性フィラー入りの樹脂が購入できる。光学顕微鏡だけでなく SEM 観察も行うのであれば、これらの樹脂を使用するとよい。

ペーパー研磨

　研磨工程は細分化すると、面出し、研磨（研磨紙による研磨）、琢磨（バフ研磨）の 3 種類になり、ここでは面出しと研磨を行う。ペーパー研磨は、SiC 粒子やアルミナ粒子を付着させた研磨紙を使用して #240 程度から研磨を始め、#2000〜#4000 まで研磨を行う。面出しは試料面を最初に平らに研磨して、一様な研磨キズをつけることである。そのあとは研磨紙を粗いものから徐々に細かいものに変えていく。この時、研磨紙を変える時に研磨方向を変えることで、前段階の研磨キズが残っているかを確認できる。前段階の研磨キズが消えたら次の研磨紙に進む。

　研磨キズは肉眼や顕微鏡で観察できるが、目に見えないひずみも意識しなければならない。研磨工程で発生するひずみは加工変質層と呼ばれる。これは粗い研磨ほど深く、細かい研磨ほど浅くなる。加工変質層の深さは数十 μm 程度である。見た目のキズがなくても、加工変質層が残っているとエッチングした時にキズとして現れることもある。

　組織観察試料用に砥石で切断した面や埋込をした直後の状態は見た目では平らだが、光学顕微鏡観察するためにはさらなる平滑面が求められる。研磨工程は専用の研磨盤やガラス板などの平らな面に研磨紙をセットして行われる。面出しでは試料と樹脂の凹凸をなくして平らにすることが求められる。使用する研磨紙としては目の粗い研磨紙を使用する。また、面出しで観察面が斜めになったり、ダレたりするのを防ぐためにダイヤモンド粒子を使用した研磨盤もある。また必要以上に目の粗い研磨紙を使用して、試料に大きなひずみを負荷し

ないことが重要である。面出しに使用する研磨紙としては、鉄鋼材料であれば
#180〜240、アルミニウムなどの軟らかい非鉄金属材料であれば #400〜600 程
度がよい。

　研磨は主に研磨紙による研磨を指すが、ダイヤモンドディスクによる研磨も
最近では行われている。研磨紙は日本とアメリカなどで規格が異なる。その仕
様を**表 5.5** に示す[5]。研磨紙は様々な粒度のものがあるが、組織観察において
#1500〜#2000 程度まで行う。軟らかい材料では P4000 などの研磨まで行うこ
ともある。

　研磨は回転する研磨盤で行うことが多いが、この時の試料の位置によって研
磨されやすい場所とされにくい場所がある。これを**図 5.9** に示す。回転する研

表 5.5　研磨紙規格の比較表

アメリカ規格　ANSI/CAMI		ヨーロッパ規格　FEPA		日本規格　JIS	
No.	サイズ（μm）	No.	サイズ（μm）	No.	サイズ（μm）
60	268	P60	269		
80	188	P80	201		
120	116	P120	127		
180	78	P180	78	# 240	80
		P240	58	# 320	57
240	52				
		P320	46		
				# 400	40
320	34	P400	35	# 500	34
		P600	26	# 600	28
400	22	P800	22	# 700	24
500	18	P1000	18.3	# 800	20
600	15	P1200	15.3	# 1000	16
UF–800	12	P1500	12.6	# 1200	13
				# 1500	10
UF–1200	6.5	P2500	8.4	# 2500	6.8
		P4000	5.5	# 3000	5

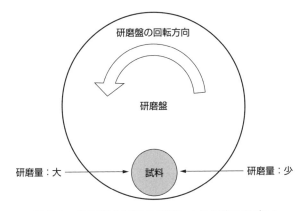

図 5.9　研磨盤と試料の位置による研磨量の違い

磨盤の入側は研磨されやすく、出側は研磨されにくくなる。また、腐食断面組織観察などの断面組織観察を行う時には出側に断面をセットして研磨すると、断面端がダレずに鮮明な研磨面が得られる。

バフ研磨

　バフ研磨は琢磨と呼ばれる時もある。バフ布と呼ばれる専用の布に研磨材を付着させ、それによって試料を研磨する。研磨材の材質としてはダイヤモンドやアルミナなどの硬い材料が使用される。研磨材のサイズは 15 μm から 0.25 μm 程度が市販されている。1 μm 以下の研磨材で研磨すると、肉眼ではほとんどキズが見えなくなる。バフ研磨の最終仕上げに 50 nm 程度のコロイダルシリカという研磨材を使用すると、非常にきれいな鏡面仕上げができる。

　研磨・琢磨はいずれも硬い研磨材を使用して、試料表面を削っている機械的研磨である。機械的研磨は研磨材のサイズが小さくなるほどひずみも少なくなるが、完全になくすことはできない。それに対して電解研磨（化学研磨）という方法もある。これは電解液に試料を浸して電気を流すことで、表面を研磨する。電解研磨を行うと試料にひずみを与えずに鏡面仕上げができる。コロイダルシリカの液には電解研磨の作用もあり、ひずみのない鏡面仕上げができる。

　研磨作業におけるトラブルの多くはキズに関することだが、他にも試料端の

ダレ、研磨材のめり込み、コメットテイルなどがある。

　研磨・琢磨の目的は、適切な研磨キズを試料全体につけていき、最終的に鏡面仕上げすることである。この時に特に大きく深いキズが観察される時は、汚れやゴミまたは前の研磨カスが残っていることが考えられる。これはバフ研磨で特に問題になりやすい。

　キズの対策としては、まず試料とバフ布を洗浄する。次に、バフ布の劣化を確認する。バフ布には様々な種類があるがいずれも消耗品である。使用するほど、繊維などが乱れ、破れていく。これが試料を大きく傷つける原因となる。

　試料端のダレとは、試料の端が丸く研磨されることである。これは研磨時の方向と試料にかかる応力分布に関係がある。また、傾向としてバフ布が軟らかくなるほど、研磨時間が長くなるほどダレやすくなる。ダレ防止には研磨の方向を考慮して研磨を行うこと、硬い樹脂を使用すること、試料断面に硬い材料を挟んで埋込むことなど有効である。

　研磨材のめり込みはダイヤモンド粒子などの硬い研磨材が試料表面にめり込むことである。研磨材のめり込みを試料に元々存在する不純物介在物と見間違うこともある。しかし、研磨材がめり込む時はめり込んでいるものの数が多いので、それを意識すると気づきやすくなる。研磨材のめり込みが起きる時は荷重、回転速度、研磨材との相性などの研磨条件が適切ではないことが多い。

　コメットテイルは一方向に研磨することによって、試料中の硬い相や粒子が尾を引いたように見える状態である。硬さの異なる相や粒子が一方向に研磨され、その段差が一方向に伸びることによって生じる。コメットテイルは一方向で長時間研磨するのではなく、研磨の方向を随時変えることで防ぐことができる。

エッチング

　エッチングとは鏡面仕上げに研磨した試料を特定の溶液（エッチング液）に浸すことで、表面の結晶粒界や特定の相などを優先的に腐食させ、適度な凹凸をつけることである。組織中の結晶粒界や特定の相はエッチングにおいて溶解速度が異なる。母相がほとんど溶解されず光沢を保ち、結晶粒界だけが腐食さ

れるほど鮮明な金属組織になる。光学顕微鏡観察する時に試料が鏡面仕上げされていると、平坦で単一な状態しか観察されない。この時確認できるのは主に不純物介在物や欠陥などである。エッチングにより表面に凹凸ができると、光学顕微鏡観察では陰影ができ、それが金属組織として観察できる。

エッチング液は材料ごとに様々に存在する。その濃度や浸漬時間などの条件は試行錯誤して決めていくことが求められる。また、焼入れした鋼ではマルテンサイト組織を観察する時と、旧オーステナイト粒界を観察する時では異なるエッチング液が使用される。同じ材料でも観察する目的によってエッチングを使い分ける。エッチング液の多くは経験的に作り出されたものが多い。**表5.6**に金属材料ごとに使用される主なエッチング液を紹介する。詳細は参考文献を参照されたい[4]。実際にエッチングしてより鮮明な金属組織が得たい時などは、配合、時間、温度などを変え、別のエッチング液を試すことを行う。

エッチングの基礎は腐食反応である。式(5.7)、(5.8)の反応が研磨した試料表面で起こる。

$$\text{アノード反応：Fe} \rightarrow \text{Fe}^{2+} + 2\text{e}^- \qquad (5.7)$$

$$\text{カソード反応：} 2\text{H}^+ + 2\text{e}^- \rightarrow \text{H}_2 \qquad (5.8)$$

アノード反応とカソード反応は対になって起こる。アノード反応とカソード反応が絶えず場所を変えながら反応が起きると、全体的に腐食する全面腐食が起こる。しかし、エッチングでは結晶粒界や特定の相が優先的に腐食するように行われている。腐食されやすい場所はアノード反応を起こして溶解し、腐食されにくい場所はカソードとなり、研磨仕上げの光沢を保つ。このようにしてエッチングによる凹凸が形成される。エッチング時間が短ければ、凹凸が小さ

表5.6 金属材料ごとの主なエッチング液

材料	エッチング液
鉄鋼	硝酸＋エタノール、AGS液（ピクリン酸＋界面活性剤）など
アルミニウム合金	フッ酸溶液、硝酸溶液、水酸化ナトリウム溶液など
マグネシウム合金	ピクリン酸＋エタノール、硝酸溶液など
銅合金	グラード試薬（塩化第二鉄、塩酸溶液）など

く、金属組織が薄くわかりづらいものになる。しかし、エッチング時間を長くしすぎると、必要以上に腐食してしまい、全体的に黒くなってしまう。エッチング時間は金属組織を確認しながら、ちょうど良いコントラストとなる時間を決めることが重要である。

　エッチング後はエッチング液をよく洗浄し、乾燥させる。エッチング液が試料と樹脂のすき間などに残っていると、そこから腐食してしまう。エッチング後の試料は空気や湿度に触れないようにデシケーターなどに保管するとよい。

　エッチング液の多くは硝酸や塩酸などの酸のほか、フッ酸、エタノール、過酸化水素など腐食性、引火性のある薬品を多く扱う。そのため、保護具や換気などの安全面、環境面に十分注意して作業を行うことが重要である。

写真撮影

　光学顕微鏡とは文字通り光学フィラメントを光源として利用した顕微鏡である。光学顕微鏡の倍率は「接眼レンズの倍率×対物レンズの倍率」である。接眼レンズは 10 倍であることがほとんどで、対物レンズに 10 倍から 50 倍程度のレンズがセットされていることが多い。試料ステージは試料を観察する向きが上向き、下向きなど様々である。試料を上向きに観察する場合、試料面を水平にするための治具が用意される。光学顕微鏡の光源はハロゲンランプ、キセノンランプ、LED ランプなどが使用される。金属組織を光学顕微鏡で観察すると様々な結晶粒界や相が観察されるが、それはエッチングにより形成された凹凸により光の影が組織として見えるのである。その様子を図 5.10 に示す。

　顕微鏡の性能を表す項目として分解能と焦点深度がある。分解能とは 2 点を 2 点として認識できる距離、焦点深度とは深さ方向にピントが合う距離である。分解能が狭いほど小さい粒子などをより正確に観察できる。また、焦点深度が大きいほど凹凸や傾斜のある試料もピントを合わせて観察できる。顕微鏡の倍率を上げるほど分解能は狭くなり、焦点深度は浅くなる。分解能については式 (5.9)、(5.10) で表される[4]。

$$\delta = \frac{k\lambda}{NA} \qquad (5.9)$$

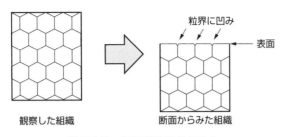

粒界に凹み

表面

観察した組織　　　　断面からみた組織

図 5.10　光学顕微鏡の見え方

$$NA = n \cdot \sin \theta \qquad (5.10)$$

δ：分解能（μm）
k：定数（0.5〜0.6 程度）
λ：光源の波長
NA：開口数
n：屈折率（空気中は $n=1$）
$\sin \theta$：対物レンズと試料の開口角

　NA は屈折率と試料の開口角である。空気中であれば、屈折率 $n=1$ となり、$\sin \theta$ は 1 以上にはならない。すなわち、NA は 0〜1 の値となる。NA を最大値 1 とすると分解能はほぼ光源波長の半分となる。可視光線は 380〜750 nm 程度であり、その半分の値（190〜375 nm）が最大分解能となる。光学顕微鏡の高倍率化の技術は進んでいるが、可視光線の波長と分解能の関係から数百 nm（コンマ数 μm）の分解能以上の解像度は得られない。

5.2.4　電子顕微鏡観察

　光学顕微鏡がフィラメントを光源として、表面の凹凸を像としたのに対して、電子顕微鏡は光源に電子線を使用して、表面から放出する 2 次電子などの信号を像にした顕微鏡である。電子顕微鏡には様々な種類があり、その一つが SEM（Scanning Electron Microscope：走査電子顕微鏡）である。SEM には分析器や検出器が設置されることが多い。EDS、EPMA、EBSD などである。他

にも電子顕微鏡には TEM（Transmission Electron Microscope：透過電子顕微鏡）などもある。

　光学顕微鏡と SEM の模式図を比較して**図 5.11** に示す[4)6)]。そして光学顕微鏡と SEM の特徴の比較を**表 5.7** に示す。SEM は光学顕微鏡に比べて分解能が短く、焦点深度が深い。そのため、SEM は数万倍の高倍率や破面などの凹凸の大きい試料の観察が可能である。SEM は細く絞った電子線を試料に当て、それを走査して画像を表示する。電子線を細く絞るほど高分解能となり、走査速度を遅くすることで鮮明な画像が得られる。SEM は電子線を使うために真空で

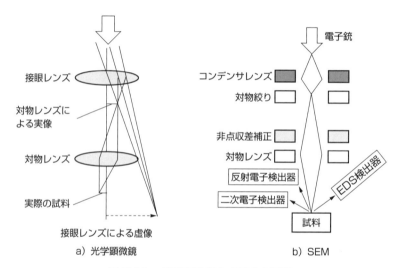

a) 光学顕微鏡　　　　　　　　b) SEM

図 5.11　光学顕微鏡と SEM の原理

表 5.7　光学顕微鏡と SEM の特徴比較

項目	光学顕微鏡	FE-SEM
光源	フィラメント（電球）	電子銃
倍率	5～1,000	50～50 万
実質的な分解能	1～0.5 μm 程度	数十 nm 程度
焦点深度	浅い	深い
試料室の環境	大気解放	真空
試料の導通	不要	必要

試料を観察する。試料室の真空度は 10^{-3}～10^{-4} Pa 程度である。

　SEM のフィラメントは電子銃とも呼ばれ、電子銃から電子が放出される。電子銃の種類はタングステン電極や電界放出型（Field Emission：FE-SEM とも呼ばれる）などがある。タングステン電極は通電加熱して熱により電子を引き出す。この時の電子源の直径は 15～20 μm 程度である。FE は室温でタングステン電極先端（エミッタという）に電圧をかけ、強磁界で電子を引き出す。FE の方が電子を小さく絞れるため、高倍率で観察ができる。FE の電子源の直径は 5～10 nm 程度であり、タングステン電極よりも小さい。そしてフィラメントの寿命も長い。一方、FE の先端は高い清浄度が要求されるため、10^{-7}～10^{-8} Pa 程度の真空度が必要となる。

　コンデンサレンズ（集束レンズ）はプローブ電流とプローブ径を調整するレンズである。そしてコンデンサレンズの次には対物絞りが設置される。コンデンサレンズを強くすると電子線が広がるため、対物絞りを通る電子線（プローブ電流）は少なくなる。反対にコンデンサレンズを弱くすると電子線が狭まるため、対物絞りを通るプローブ電流が多くなる。

　非点収差補正はスティグマとも呼ばれる。非点収差とは電子線の x 軸と y 軸の焦点が異なる位置にあって像がぼやける状態であり、人間の眼に例えると乱視の状態である。この状態を補正して電子線を調整することを非点収差補正という。このため、SEM には x 軸、y 軸それぞれに非点収差補正が必要である。非点収差がずれていると、円状の試料が楕円状に見える。非点収差補正することで真円状になる。

　対物レンズは集束レンズ、対物絞りを通過したプローブ電流を、試料に向けて焦点を合わせて照射する。いわゆる「フォーカス合わせ」はこの対物レンズの焦点を合わせることである。

　試料に電子線を照射すると様々な情報が得られる。その模式図と各信号の深さを**図5.12**に示す[4]。SEM 観察に主に利用されるのは二次電子や反射電子など、EDS や EPMA に利用されるのは特性 X 線である。

　二次電子とは一次電子（入射電子）が当たった時に表面から放出される電子である。二次電子のエネルギーは小さく、試料の表層（10 nm 程度）から放出

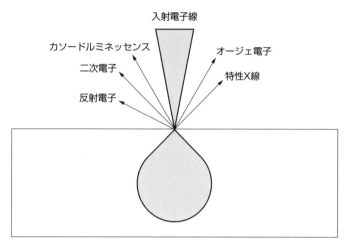

図5.12　電子線から得られる情報

される。試料内部で二次電子が発生しても表面まで到達する量は少ない。すなわち、二次電子は試料の形状情報を表しているので、表面状態を観察するのに適している。一方で表面の影響を受けやすいのでチャージアップしやすいという特徴もある。

　反射電子は一次電子が試料に照射された時に、試料中で散乱した後に再び試料から放出する電子である。反射電子は後方散乱電子とも呼ばれる。二次電子よりもエネルギーが高く、より深い位置から放出される。反射電子は原子番号の大きい元素ほど多く放出される特性がある。そのため、原子番号の軽い元素は暗くなり、原子番号の重い元素は白く表示される。

　試料に一次電子が照射されると、原子の内側の電子軌道から電子が放出される時がある。この時に外側の電子軌道から内側の電子軌道に電子が移動する。この時のエネルギーの差分が特性X線として放出される。特性X線は元素ごとに決まったエネルギーを有するので、EDSやEPMAなど元素分析に利用される。

　SEM観察において鮮明で良いSEM像を得るために設定する項目が多々ある。それを表5.8に示す。

表 5.8　SEM 観察の設定項目例

```
・加速電圧
・WD（ワーキングディスタンス）
・走査速度
・スポットサイズ
・フォーカス
・スティグマ　など
```

加速電圧

　加速電圧とは電子銃の陰極（フィラメント）と陽極にかけられた電圧である。5〜20 kV 程度に設定することが多い。試料観察や EDS 分析などにおける電子線のエネルギーでもある。加速電圧が高いほど分解能が上がる。しかし加速電圧を上げすぎると電子線が試料内部まで侵入してしまい、表面の情報が読み取りづらくなってしまう。また試料へのダメージも大きくなるため、注意が必要である。EDS などで元素を分析する時は加速電圧を高めに設定する。

WD

　WD（Working Distance：作動距離）は対物レンズから試料までの距離である。10 mm 程度にすることが多い。WD を短くするほど分解能が上がるが、焦点深度は低下する。逆に WD を長くすると分解能が下がるが、焦点深度は深くなる。また、WD を短くする場合は対物レンズとの距離が狭くなるため、試料ステージの可動域などが制約されるほか、対物レンズと試料の衝突のリスクも発生する。

走査速度

　SEM 観察した試料を撮影する時には、走査速度を遅くして鮮明な SEM 像を記録する。一方、試料全体を確認する時に走査速度を遅くすると、試料の移動とモニターの変化が追い付かず作業効率が悪くなる。SEM 像を記録する時以外は走査速度を速めにして、多少 SEM 像が粗くても試料を確認できる程度の走査速度にするのがよい。

スポットサイズ

　電子線のスポットサイズは小さいほど分解能が上がるが、SEM 像が不鮮明になる。反対にスポットサイズを大きくすると分解能が下がるが、SEM 像が鮮明になる。走査速度を遅くするとスポットサイズを小さくしても SEM 像を観察できるが、限度がある。1 万倍などの高倍率でない限りスポットサイズを小さくしすぎない方が良い。

フォーカス

　SEM で鮮明な画像を得るためにフォーカス合わせを行うが、SEM のフォーカスは一つではなく「フォーカス」「非点収差補正（スティグマ）」などの複数種類がある。

　フォーカスはぼやけた画像を鮮明にすることである。これは対物レンズの焦点の位置を調整して行う。フォーカスを調整することで WD の値も変わってくる。フォーカス（WD の値）と試料の物理的なステージ位置が一致するとピントが合う。

スティグマ

　スティグマは照射する電子線を点状にする手法である。スティグマは x 軸、y 軸それぞれ設定が必要である。倍率 5,000〜1 万倍程度になるとスティグマのずれが SEM 像のずれとして見られるようになってくる。スティグマがずれていると、照射する電子線が球状からずれるので、円状の試料であれば楕円状に見える。スティグマを補正することで電子線が球状になりピントが合う。スティグマ調整の電子線イメージを**図 5.13** に示す。中心の円が正しく補正されている状態であり、そこから離れるにつれて楕円状にゆがんでいく。

ウォブラ

　ウォブラ・軸調整（アライメントという時もある）は、コンデンサレンズや対物レンズの光軸に電子線を合わせることである。ウォブラもスティグマのように x 軸、y 軸を調整して調整を行う。

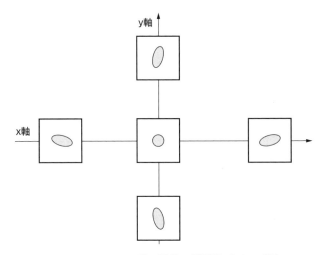

図5.13　スティグマ調整の電子線イメージ図

対物レンズ

　対物レンズは日々の観察において調整することは少なく、業者のメンテナンスなどの時に設定する値を使用することが多い。

　SEM 観察におけるフォーカス合わせとスティグマ調整について、ピントの合った SEM 像とピントのずれている SEM 像の例を**図 5.14** に示す。フォーカス、スティグマのどちらがずれていてもピントがぼけた SEM 像になる。そのため、ピントがぼけている SEM 像からフォーカス、スティグマ（x 軸）、スティグマ（y 軸）のどれがずれているか判断するのは難しい。感覚としては 3 つのフォーカスがあると考えて、任意の 1 つのフォーカスを大きく動かしておおよそのピントの合う位置を探す。これを残り 2 つに対しても行い、それぞれ最もピントの合う位置を求めることで修正する。

　SEM 観察における試料調整も、基本は光学顕微鏡の組織観察の流れに従う。しかし、SEM 特有の注意事項もある。1 つ目は試料サイズ、2 つ目は試料の導通またはコーティング、3 つ目は鏡面仕上げである。

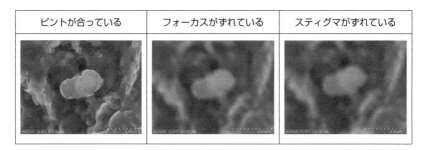

| ピントが合っている | フォーカスがずれている | スティグマがずれている |

図5.14　SEM像のフォーカスとスティグマ調整の例

試料サイズ

　光学顕微鏡観察において試料サイズを考慮することは少ない。それは顕微鏡のステージが試料サイズよりも大きく、可動域も広いからである。むしろ顕微鏡のステージよりも研磨機にセットする試料サイズ（樹脂サイズ）を考慮する場合の方が多い。しかしSEMは光学顕微鏡のステージよりも狭く、可動域も小さい。さらにWDも影響するため、試料の高さもあまり高くできない。とはいえ、樹脂埋め試料の直径25〜30 mm、高さ10〜15 mm程度であれば問題ないことが多い。また、後述するEBSDでは試料を70°傾斜させるため、試料を埋込む位置も重要になる。

試料の導通またはコーティング

　SEM観察では樹脂などの導電性の悪い試料をそのまま観察すると、表面に電子が帯電するチャージアップが発生する。これは試料に照射された電子線の電子が試料の外に放出されず、試料表面にとどまることが原因である。チャージアップは試料に導電性があれば防止できる。また、樹脂を埋め込んでいない、むき出しの金属試料ならば問題ない。

　樹脂を埋め込んだ試料をSEM観察する時はPt、Au、カーボンなどで表面の数nm程度をスパッタコーティングして導電性を付与する。しかし試料表面をコーティングすると、EDS分析などでコーティング材料が検出されるので、それを考慮する必要がある。あるいは、樹脂にあらかじめ導電性フィラーを混入する方法がある。冷間埋込であれば、樹脂に入れる導電性フィラーがあり、熱

間埋込では導電性フィラー入りの樹脂がそれぞれ販売されている。これらの樹脂であれば表面をコーティングする必要がないので、埋込・研磨した試料を直接 SEM 観察できる。

鏡面仕上げ

　SEM の倍率は数万から数十万まで設定できる。これは光学顕微鏡よりもはるかに高倍率である。そのため、光学顕微鏡では研磨キズの見えない鏡面仕上げが得られても、SEM 観察ではキズが見えることはある。0.1〜0.25 μm の研磨材で研磨を行うと、光学顕微鏡ではほとんどキズが見えずに鏡面仕上げできる。これは厳密にはキズがないわけではなく、光学顕微鏡の分解能とキズが同程度であるため、キズが見えないのである。しかし、SEM ではさらに高い分解能を得られるので 0.1〜0.25 μm の研磨材のキズが見える。SEM 観察を行う試料の研磨では、さらに細かい研磨材であるコロイダルシリカなどの仕上げ研磨や、電解研磨などを行うとよい。光学顕微鏡も SEM 観察も研磨キズは組織観察において評価や判断を誤る原因となるため、十分に取り除く必要がある。

5.2.5　EDS と EPMA

　SEM の元素分析器として EDS（Energy Dispersive X-ray Spectrometry：エネルギー分散型 X 線分光器）と WDS（Wavelength Dispersive X-ray Spectrometry：波長分散型 X 線分光器）がある。この両者はともに試料から発生した特性 X 線を取り扱う。特性 X 線の発生メカニズムを図 5.15 に、特性 X 線の呼び名を図 5.16 に示す[7]。特性 X 線は電磁波の一種であり、エネルギーとしての特性と波動としての特性がある。EDS はエネルギーとしての特性 X 線を検出し、WDS は波動としての特性 X 線を検出する。なお、EDS は SEM-EDS と呼ばれる。一方 WDS をセットした SEM は EPMA（Electron Probe Micro Analyzer：電子線プローブマイクロアナライザ）と呼ばれる。

　EDS では特性 X 線の検出に半導体検出器を使用する。検出器に特性 X 線が入射すると、エネルギーに相当する電子と正孔の対が生成される。この電流か

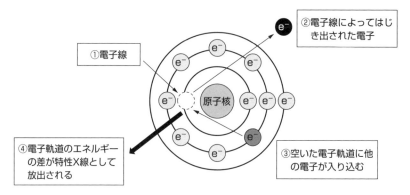

図 5.15　特性 X 線の発生原理

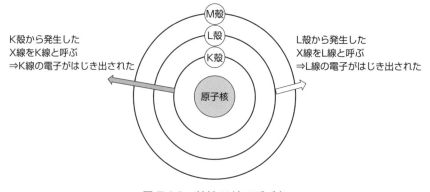

図 5.16　特性 X 線の呼び名

ら特性 X 線のエネルギーを測定する。EDS では一度に多くの元素を同時に測定でき、EDS 分析を行うと特性 X 線に応じたスペクトルが得られる。このスペクトルは縦軸が特性 X 線のカウント、横軸が特性 X 線のエネルギー（eV）である。

　WDS では特性 X 線の検出に分光結晶と検出器を使用する。分光結晶で特性 X 線の回折現象を利用する。この時分光結晶と検出器はローランド円という一定の円軌道をとる。WDS では一つの分光結晶では検出できる元素が限られるため、多くの元素を同時に分析するためには複数の分光結晶をセットする必要がある。WDS 分析から得られるスペクトルは、縦軸は EDS と同様に特性 X 線

表 5.9　EDS と WDS の比較

項目	EDS	WDS
検出物質	特性 X 線	特性 X 線
検出器	半導体検出器	分光結晶
測定原理	エネルギー分散型	波長分散型
測定時間	早い	遅い
測定精度	低い	高い

のカウントであるが、横軸は特性 X 線のエネルギーの他に、分光結晶の角度として表示することもある。

　EDS と WDS の違いは特性 X 線の検出方法であるが、これは特性 X 線の測定時間と検出精度に影響する。両者の比較を**表 5.9** に示す。EDS は測定時間が早く、検出精度が低い。WDS はその逆である。測定時間は EDS は検出器の電流から分析するので短時間となり、逆に WDS は分光結晶と検出器を移動しながら分析するので時間がかかる。一方、検出感度について、EDS は同時に複数の元素を測定できる反面、スペクトルピークの分解能が悪く、ピークの重なりも起こるため、検出感度は低い。また炭素、酸素などの軽元素は正確な分析が困難である。WDS ではスペクトルピークの分解能が高く検出感度が高い。さらに炭素、酸素などの軽元素の分析も可能である。一方で、一つの分光結晶で分析できる元素が限られているため、他元素を分析する場合は分光結晶を多く用意する必要がある。EDS は主に短時間で簡易的な分析に使用され、WDS で時間をかけて詳細な分析が行われる。

　EDS、WDS が行う分析として、定性分析（スペクトル）、線分析（ライン）、面分析（マッピング）、定量分析がある。もちろん各分析において EDS、WDS の分析精度を考慮した結果であることを忘れてはならない。

定性分析

　定性分析は試料に含まれる元素を検出する分析である。含まれる元素の量が多くなるほど特性 X 線のカウントも多くなる。スペクトルピークが表れない時が検出下限となる。通常、定性分析では検出された元素と含有量が得られる。

この含有量はおおよその値のため半定量とも呼ばれる。

線分析

　線分析は試料のある箇所を直線的に分析し、濃度変化を調べることである。例えば亜鉛めっき鋼板であれば、めっき部分は亜鉛、鋼板部分は鉄が検出される。あるいは合金元素の濃度分布を直線的に調べる時などにも使用される。

面分析

　面分析では試料のある領域を分析することで、視覚的に元素の分布を見られる。通常、SEM 像と同時に分析するので、SEM 像と元素マッピングの比較ができる。分析原理としては線分析を 1 本の直線だけではなく二次元的に多数行うことである。線分析した試料を視覚的に評価したり、特定の相や不純物などの分布を評価したりする時に使用する。

定量分析

　定量分析は各元素の組成を測定することである。ただし、EDS は検出感度が悪いため、定量分析の信頼性は低い。特性 X 線の定量分析としては WDS の方が適している。定量分析の方法としては ICP–AES などの化学分析と同様に検量線法が最も精度が高い。EPMA 用の標準試料として高純度金属の Fe、Al などがある。その他に化合物試料も市販されている。

　定量分析の精度を高めるためには、様々な組成の標準試料を用意して検量線を作成し、未知試料の分析をすることが必要である。標準試料は試料全体が均一な組成であることが望ましい。しかし EPMA は数 μm 程度の電子線を試料に照射することができるため、組織中に均一な組成の相が数十 μm 程度あれば、その相を標準試料とすることもできる。

5.2.6　EBSD

　EBSD とは Electron Back–Scatter Diffraction（電子線後方散乱回折法）の略

である。SEM の中で試料を 70° 程度傾けて電子線を照射すると、試料表面の 50 nm 程度から電子線の回折パターン（菊池パターン）が得られる。EBSD の概略図を**図5.17**に示す[8]。EDS や WDS のように特性 X 線による元素分析ではなく、回折パターンを指数付けして金属組織の結晶方位や、結晶構造などの情報を得る。電子線を連続的に走査することで観察面のマッピングができる。そして EBSD では結晶方位の連続した領域を結晶粒、結晶方位の角度の変化を結晶粒界として認識する。

　EBSD は金属組織評価において結晶方位、結晶粒、相の同定、集合組織の解析などに使用される。金属材料は通常多くの結晶粒からなる多結晶体材料である。この一つ一つの結晶粒の方位を明らかにできることが EBSD の特徴である。回折パターンは結晶体から起こるため、アモルファスのような非晶質材料では菊池パターンが得られず EBSD は利用できない。

　試料に照射した電子線は試料内で回折現象を起こすが、試料の奥に侵入した電子線はエネルギーを失い、回折条件をほとんど満たさなくなる。そのため放出される回折パターンは試料の表面 50 nm 程度に限られる。これは試料の表面状態に非常に敏感であることを表す。通常の SEM 観察、EDS 分析では問題にならないような研磨キズ、コンタミ、酸化膜などにも EBSD では影響を受ける。

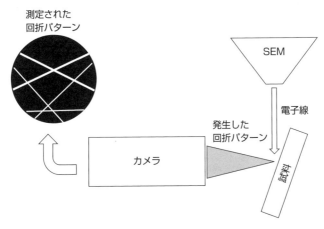

図 5.17　EBSD の概略図

　EBSD の試料作製では光学顕微鏡、SEM よりも一層の鏡面仕上げが要求されるため、FIB のようなイオンビームなどによる前処理が行われる。機械的研磨で仕上げる場合、コロイダルシリカでの研磨は必須となる。あるいは電解研磨によって加工ひずみのない鏡面仕上げを行う必要がある。また、金属は研磨後に空気中の酸素によって酸化膜が生成されるため、研磨後はできる限り早く測定することが望ましい。試料の分解能は SEM の電子線プローブ径に依存し、タングステン電極よりも FE-SEM の方が高い分解能をもつ。

　試料から放出した菊池パターンは蛍光スクリーン（検出器）に入力される。この情報は SEM のプローブ径＝1画素として、設定した範囲の領域を走査して一つのマップを得る。設定には、走査するプローブ径、取り込む組織サイズ、総測定点などがある。

　EBSD では試料から測定した菊池パターンと、あらかじめわかっている結晶方位のデータを比較することで、結晶方位を算出している。ここで一つ一つのバンド（図 5.17 の白い線）は (100) などの結晶面を表し、異なる角度のバンドは (110)、(111) など別の結晶面を表す。バンドの検出方法はハフ変換法と呼ばれる。詳細は参考文献を参照されたい[8]。

　EBSD 測定では結晶方位データを設定する。そして検出したバンド情報と最も近い結晶方位のバンドをその結晶方位とする。EBSD では、仮に複数の結晶方位に近くても、平均値ではなく必ず一つの結晶方位が選択される。また、測定時に複数のパターンが重なったことで、解析不可能となり解が得られないと「データなし」となる。このようにして結晶方位を比較するが、その判定は信頼性指数（Confidence Index：CI）として評価される。EBSD の測定では解析ソフトが選択した唯一の結晶方位の信頼性を CI として表す。すなわち「この位置での結晶方位 A の CI は○、結晶方位 B の CI は△」とはならずに「この位置での結晶方位 A の CI は○、結晶方位 B はなし」となる。CI が高いと、その位置の結晶方位は信頼度が高く、CI が低いと、その位置の結晶方位は信頼度が低い。試料調整が不十分でキズやひずみが残っていると、パターンが不鮮明になり CI も低くなりやすい。

　なお、このバンド幅が格子定数と関係している。格子定数は金属ごとに異な

表5.10　EBSDから得られる情報

- IQ（Image Quality）マップ
- Boundary（結晶粒界）マップ
- IPF（Inverse Pole Figure：逆極点図）マップ
- Phase（相）マップ
- 極点図　など

る値を持つが、EBSDではバンド幅はほとんど考慮されず、結晶面のパターンのみが扱われる。そのため、体心立方格子や面心立方格子などの結晶構造の情報はわかっても、格子定数、すなわち材料情報はわからない。例えば鉄のEBSDマップを取得する時に、解析ソフトとしては「試料パターンと鉄のパターンを比較」しているわけではなく「試料パターンと体心立方格子パターンと比較」しているのである。

　金属材料の結晶構造は主に体心立方格子、面心立方格子、稠密六方格子のいずれかであることが多いが、酸化物や窒化物などの複雑な結晶構造も存在する。そのためEBSD測定の際はあらかじめ想定される材料の結晶方位情報を設定しなければならない。例えば、マルテンサイト組織の残留オーステナイトを測定する時は、マルテンサイトとオーステナイトのデータを設定する。マルテンサイト組織の中のセメンタイトの分布を測定する時はマルテンサイトとセメンタイトのデータを設定する。なお、設定するデータが増えたり、酸化物などの複雑なデータを設定したりするほどEBSD測定に時間がかかる。

　EBSDマップで取得するデータは結晶方位情報である。これを元に様々なデータを表示できる。これを理解するには電子回折や結晶構造などの知識がある程度必要になる。EBSDで表示されるデータの例を**表5.10**に示す。EBSDはこの結晶方位情報を元に目的のデータを作成する。その点はEDSなどの元素分析とは異なる。そのためには試料の結晶構造などの情報が重要になる。

IQ（Image Quality）マップ

　菊池パターンの鮮明さに影響する。明るい位置ほどパターンが鮮明になり、暗いほどパターンが不鮮明になる。パターンが不鮮明になる原因として、試料

中の加工ひずみ、酸化膜、結晶粒界などがある。

Boundary（結晶粒界）マップ

　EBSD では結晶方位が異なる境を結晶粒界とする。そして、結晶方位がどの程度の角度で異なっているのかも記録している。さらに、どの程度の角度差があるときに結晶粒界として表示するかも設定できる。隣の結晶粒と角度差の小さい小傾角粒界と、角度差の大きい大傾角粒界を区別して表示することもできる。逆に、小傾角粒界と大傾角粒界をまとめて結晶粒界として表示することもできる。

IPF（Inverse Pole Figure：逆極点図）マップ

　結晶粒が結晶の(100)、(111)など、どの面を向いているかを表示する方位マップである。三角形のカラーキーが表示され、それに対応した色が結晶粒に表示される。完全にランダムな組織であれば、様々な結晶方位の色が表示される。一方、特定の結晶方位（例えば(111)）にそろっている時は(111)が多い組織になる。圧延集合組織などを観察すると特定の面が多くなりやすい。

Phase（相）マップ

　例えば、鉄鋼材料のフェライト組織（体心立方格子）と残留オーステナイト組織（面心立方格子）のように、近い組成でも結晶構造の異なる組織を区別する時に有効である。EBSD は結晶方位と結晶構造によってデータが形成されるためである。そのため、結晶粒ごとに結晶構造を表示できる。また、各結晶構造の IPF マップなども作成できる。これは元素分析を行う EDS、WDS とは対照的な機能である。

極点図

　逆極点図は組織中の各結晶粒がどの方位を向いているかを表すが、極点図は組織中の結晶方位をステレオ投影で表示する。極点図やステレオ投影の詳細については参考文献を参照されたい[7]。

5.2.7 X線回折

X線回折（XRD：X-ray Diffraction）はX線が結晶体で起こる回折現象を利用して結晶構造の解析などを行うことである。光学顕微鏡やSEMは微小領域の観察に優れているが、XRDでは試料の全体的な評価ができる。XRDの試料は板だけでなく粉末も分析可能である。むしろよい回折パターンを得るためには粉末が好まれる。

X線の回折現象は1912年ドイツの物理学者ラウエによって発見された。これは電磁波であるX線の波長（0.1 nm程度）と同等の間隔の結晶材料にX線を照射すると、回折現象を起こしてX線が散乱されるというものである。そして翌年1913年にブラッグ父子によって今日でも使用されるブラッグの式を発表した。ブラッグの式を式(5.11)に示す。

$$n\lambda = 2d \sin \theta \qquad (5.11)$$

n：自然数

λ：X線の波長

d：結晶面の間隔

θ：入射角度

実験的にはnを1とした式(5.12)が主に使用される。

$$\lambda = 2d \sin \theta \qquad (5.12)$$

ブラッグの式dにおける結晶面の間隔は結晶構造のミラー指数(100)、(110)などの面間隔として表した方が都合がよい。立方晶における面間隔とミラー指数の関係は式(5.13)で表される。

$$\frac{1}{d^2} = \frac{(h^2 + k^2 + l^2)}{a^2} \qquad (5.13)$$

式(5.12)と式(5.13)を合わせると式(5.14)が得られる[7]。

$$\sin^2 \theta = \frac{\lambda^2}{4a^2} (h^2 + k^2 + l^2) \qquad (5.14)$$

ブラッグの式の模式図を**図5.18**に示す。X線が入射角θで格子定数dの結晶体に照射されると、反射角θで放出される。X線の入射角、反射角と光の反

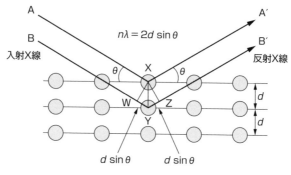

$$n\lambda = 2d \sin\theta$$

入射X線　　　　　　　　　　　　　　　　　　反射X線

図 5.18　ブラッグの法則

射で扱う入射角と反射角は位置が違うことに注意する。ここで 2 つの入射 X 線 AXA′、BYB′ を考えた時に、両者の経路差は WYZ となる。ここで、WY = $d \sin\theta$ という関係が成り立つ。WY = YZ のため、WYZ = $2d \sin\theta$ となる。この経路差 WYZ が X 線の波長の整数倍の時に X 線は強め合い回折ピークを示す。反対にそれ以外の入射角では X 線は打ち消し合う。波長の分かっている X 線を結晶に回折させ、そのパターンから結晶面間隔を求め、物質を評価することをディフラクトメーターという。一方、結晶面間隔の分かっている結晶に波長の分からない X 線を回折させて X 線の波長を評価することを X 線分光という。特性 X 線を波長として扱う WDS や電子線回折を扱う EBSD でも、ブラッグの式が利用されている。

　XRD 装置の概略図を図 5.19 に示す。試料状態はできる限り板より粉末がよい。それは試料面に (100)、(111) などの様々な面が並ぶことで回折強度のかたよりが少なくなるからである。試料は中心にセットされ、X 線の発生器と回折した X 線を検出する検出器が円軌道上にセットされている。入射 X 線が低角度側から高角度へ移動するとともに、入射角 θ と同じ角度で検出器も同時に移動する。入射 X 線と検出器の位置関係は試料を中心に 2θ となる。XRD の測定結果が横軸 2θ として表示されるのはこのためである。もちろん 2θ を半分で割れば θ が得られる。例として Al 粉末を XRD 測定したグラフを図 5.20 に示す。なお、X 線は CuKα を使用した。ピークが表れているところが回折強度が強め合

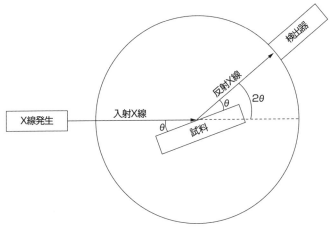

図5.19　XRDの概略図

っている角度である。

　XRDにおいて回折パターンの相対強度におよぼす影響は主に6項目ある。

---

1. 構造因子
2. 多重度因子
3. かたより因子（偏光因子）
4. Lorentz 因子
5. 吸収因子
6. 温度因子

　これら因子をまとめると式(5.15)が得られる[7]。

$$I = |F|^2 p \left(\frac{1 + \cos^2 2\theta}{\sin^2 2\theta \cos \theta} \right) A(\theta) e^{-2M} \qquad (5.15)$$

I = 相対積分強度

F = 構造因子

p = 多重度因子

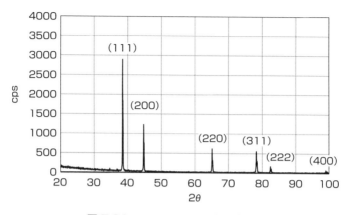

図 5.20　Al の XRD の測定データ

$$\left(\frac{1+\cos^2 2\theta}{\sin^2 2\theta \cos \theta}\right) = \text{Lorentz かたより因子}$$

$A(\theta) = $ 吸収因子

$e^{-2M} = $ 温度因子

　また、吸収因子と温度因子は省略されることもあるため、式(5.16)を使用することがある。

$$I = |F|^2 p \left(\frac{1+\cos^2 2\theta}{\sin^2 2\theta \cos \theta}\right) \qquad (5.16)$$

　図 5.20 の(111)などの面指数は回折を起こす面指数を表す。面心立方格子の場合、3 つの面指数が全て奇数または偶数の時に回折が起こる。これは式(5.16)の構造因子 F が影響している。詳細は参考文献を参照されたいが、式(5.16)によって回折を起こす面指数や相対強度を計算することができる[7]。これを図 5.20 の実測値と比較した結果を表 5.11 に示す。回折角度 2θ について近しい値を得られたが、高角度側ほど計算値と実測値の差が表れていった。相対強度は全体的に低めになった。相対強度は粉末の状態などに影響されるため、このような結果になったと思われる。

　XRD による物質の同定は未知試料と既存の回折図形の比較によって行われる。物質を形成する結晶構造や格子定数などの情報は固有のものであり、したがっ

表5.11　XRD の計算値と実測値の比較

回折面		計算値		実測値		
回折線	hkl	2θ	相対強度	2θ	強度	相対強度
1	111	38.50	100	38.51	2,897	100
2	200	44.76	47	44.74	1,230	42
3	220	65.16	31	65.12	616	21
4	311	78.31	35	78.23	554	19
5	222	82.52	10	82.47	165	6
6	400	99.19	5	99.06	70	2

て回折図形も物質固有のものとなる。もし未知試料が2種類以上の物質から成り立っていたとしても、物質ごとに回折図形はそれぞれ表れる。また、元素AB の2成分からなる化合物の場合、化学成分分析のように元素 A、元素 B それぞれの組成を求めるのではなく、「元素 AB がどのような結晶構造をしているか」という化合物の状態を表す。これは EBSD の解析方法と似ている。EBSD では同じ結晶構造の場合で違う物質（例えば銅とアルミニウム）は区別できないが、XRD は同じ面心立方構造の銅とアルミニウムを区別できる。

　XRD は物質が結晶質であれば、無機物、有機物を問わずに分析できる。結晶質の物質は金属材料以外にも鉱物（酸化物や硫化物など）、有機物、腐食生成物など多岐に渡り、その適応範囲も広い。

　XRD の物質同定のためには基準となる材料の回折データが必要である。X線回折図形のデータはアメリカの ICDD（International Center for Diffraction Data：国際回折データセンター）によって収集され、データベース化されている。そのデータは PDF（Powder Diffraction File：粉末回折ファイル）と呼ばれる。PDF データベース化は 1930 年代後半にダウ・ケミカルによって X 線回折と相分析に関する論文が発表され、1941 年に ASTM（米国材料試験協会）の支援によって行われた。1969 年に専門組織として JCPDS（Joint Committee on Powder Diffraction Standards：粉末回折標準共同委員会）が設立され、1978 年に国際的な参加を強調するために組織名が ICDD となった。PDF ファイルは以前は JCPDS カードと呼ばれていたが、現在の名称は ICDD カードで

ある。ICDD カードには格子面間隔 d、相対強度、ミラー指数 hkl などの情報が含まれており、既知の物質については化学式、化合物名、鉱物名、構造式、結晶系、融点、密度などのデータや文献情報なども記載されている。データ登録数は数万件になり、年々更新されている。

ハナワルト法

XRD による未知物質の同定方法はハナワルト法と呼ばれる。ハナワルト法では、まず回折図形を面間隔 d と相対強度にまとめる。面間隔 d は回折角 2θ からブラッグの式によって計算する。最も相対強度の強いピーク強度を 100 として、他のピーク強度を計算する。最も強度の高いピークから 3 本を抜き取り、これを 3 強線とよぶ。多くの物質ではこの 3 強線によって回折図形を特徴づけているため、検索データの中から面間隔 d と相対強度の照合を行う。3 強線が一致したらそのほかのピークについても照合を行い、一般に 8 強線が一致すると未知物質は同定されたと判断できる。

未知試料が単一試料ではなく混合物であれば、一つの未知試料の 8 強線が一致しても、同定されないピークがまだ残るはずである。この時は、残ったピークの中で最も強度の高いピークを 100 として残りのピークの相対強度を再計算し、3 強線の照合を行う。そして、全てのピークが一致したら同定は完了となる。

ハナワルト法は、現在では PC ソフトに ICDD カードのデータが設定されているので回折パターンをデータ比較できる。また回折図形は全く異なる物質でも似た回折図形になることがある。そのため未知試料の検索を絞り込むために、あらかじめ EDS などで元素分析を行うと効率的である。これは回折図形の検索では、元素、合金、酸化物などの情報を設定することで検索範囲を絞り込めるためである。

6章

不具合調査方法

　現在、金属製品は建築、自動車、電子機器、鉄道、航空など様々な分野で使用されている。その使用状況も高い応力のかかる場所、腐食性の環境、高温高圧などがあり、各状況下で発生する問題も様々である。そして金属材料は鉄、アルミニウム、ステンレスなど数多くあり、その機械的性質、物理的性質、化学的性質もそれぞれ異なる。もし金属製品に不具合が起きた時は、このような使用状況や金属材料の特性を十分考慮したうえで、その原因を特定し再発防止策を取らなければならない。また、このような不具合は突然発生することが多い。そのため、原因調査や対策はできる限り短時間で効率的に行う必要がある。

6.1　調査方法のフローチャート

　金属材料の種類や使用環境は非常に多岐に渡るが、金属材料にとって不具合を起こすような最終原因の種類は決して多くない。金属材料の不具合調査は起こりうる可能性を一つずつ確認していき、徐々に原因を絞り込んでいく。**表6.1**に不具合調査の主な手順を示す。必ずこの順番どおりにすべての項目を行う必要はなく、順番が入れ変わったり、項目を省略したりすることもある。しかし、全ての項目を行うと十分な不具合調査になる。また、不具合調査に先入観は厳禁だが、客観的な予想はある程度必要である。

表6.1　不具合調査の進め方

手順	内容	目的
1	状況の確認	不具合の状況確認
2	現物確認・記録	現物の状態確認・記録
3	分析調査	正常品との比較
4	製品不具合の考察	金属学的な不具合の考察
5	工程不具合の考察	再発防止の考察
6	対策・改善	改善の実行

6.2　不具合の特定

　不具合が起きた時に最初にすることは状況の確認である。この時、不具合品が手元にあり、それを観察しながら状況の確認ができるのがベストである。どのような製品で、どのような不具合が起きたのか調べる時に注目するポイントは主に4種類である。それは応力、時間、温度、環境である。

　金属材料は構造材料や機械部品として使用されることが多いため、応力が不具合に関係することは非常に多い。また、外力としての応力だけでなく、溶接などに見られる熱膨張、熱収縮にともなうひずみや残留応力も含まれる。応力が原因で発生する不具合として、引張応力以上の応力負荷による破断、繰返し応力による疲労破壊、応力と腐食が関係する応力腐食割れ、応力と温度が関係するクリープなどがある。これらは状況から起こる可能性のある現象と、起こる可能性のない現象に分けられる。

　また応力が原因で破壊する時に注目することとして破面付近の変形がある。引張応力以上の応力負荷が起きると材料は塑性変形を起こすため、破面付近に伸びや変形が観察される。一方、疲労破壊の起点付近はほとんど伸びが観察されない。しかし、どちらの場合でも、最終破断部付近は大きく変形することが多い。また引張応力と曲げ応力では材料が破壊する方向も異なる。このように破壊の形態が応力状況によって異なるため、応力状況と現品から、ある程度原因を絞り込むことができる。もちろん破面の起点や破壊の方向などの詳細な分析は後ほど調査する。

　同様に時間、温度、環境についても状況の確認を行う。時間については短時間か長時間か、または連続稼働中か、休憩あけの起動時か、不具合が初めてなのか、以前にも類似の不具合が起きたことがあるのか、どの程度の頻度で不具合が起きていたかなどである。割れや腐食などの不具合は時間の経過とともに進行することが多いので、ある程度の時間が経過した後に発生することがほとんどである。一方、瞬間的に大きな応力負荷などが起きた時などは一気に破壊する。

　温度については材料の再結晶温度を超えているか、低温脆性を起こしていな

いか、焼きなまし脆性を起こしていないか、鋭敏化を起こしていないか、などである。これは周囲の温度から、材料の温度がそれらの現象を起こす温度になっていたかどうかの確認になる。再結晶温度以上になるとクリープ現象も起きる。また、温度域によっては結晶粒粗大化や析出物の固溶・溶解などの可能性も発生する。これらは室温において材料強度を低下させる要因になる。

　環境は主に腐食に関係することである。水、湿度、塩化物イオン、アンモニア、腐食性ガスなどが影響する。これは腐食の形態や、腐食生成物を調べる時などの手掛かりになる。

6.3　サンプルの保管

　不具合品の観察や記録はできる限り早く行うが、調査する期間もある程度必要なため、調査すべきサンプルが腐食（さび）や汚れに汚染されないように保つことは重要である。腐食や汚れの原因として身近な物質は酸素と湿気である。破面観察では腐食や汚れによって観察できなくなることがあるため、これらは大敵となる。

　サンプルを保管する方法は何種類かあるが、最も優れているのは酸素も湿度も防げる真空デシケーターである。しかし、真空デシケーターは高価で容量も限られるため、主にシリカゲル付きのデシケーターなどがよく使用される。シリカゲルは安価で吸水性に優れているため除湿効果があり、真空ほどではないが、除湿することで腐食をある程度防ぐことができる。コスト、調査期間、サンプルの品質や重要度などを考慮してサンプルの保管方法を決める必要がある。

6.4　目視観察と写真撮影

　現物の記録は目視確認、カメラでの撮影、顕微鏡観察などによって行われる。ここで扱う顕微鏡は倍率10～100倍程度のカメラよりも拡大して観察できる顕

微鏡がよい。目視観察で注意することは不具合箇所の様子、不具合箇所の周辺の様子、不具合箇所の位置、不具合箇所の範囲が部分的か全体的か、などである。例えば疲労破壊の起点であるフィッシュアイなどは大きさが数 mm 程度のことが多いので容易に目視で確認できる。

しかし、疲労破壊の起点などの不具合の詳細が常に目視で確認できるわけではない。不具合の箇所はわかるが、目視で詳細を確認できないことも多い。このような時は、いったんカメラで不具合箇所全体を撮影する。そして不具合箇所の詳細だけでなく全体の写真も撮影する。この時にサイズが分かるように定規などのスケールと一緒に撮影する。全体と不具合箇所の両方を撮影するのは、製品全体のどの位置に不具合が起きたのかを記録するためである。

不具合箇所の起点などを目視で確認できない時に顕微鏡観察が重要になる。もちろん、目視で観察できるフィッシュアイなども顕微鏡で観察して、フィッシュアイ全体の様子だけでなく中心の起点も観察する必要がある。また、不具合ではなくても製品の初期流動調査などを行う時は観察方法をあらかじめ決めておくと、写真による比較が容易になる。そして目視、カメラ、顕微鏡で十分に観察した後、製品の切断作業をともなう分析調査を行う。

6.5 正常品との比較

不具合品の目視検査や写真撮影などの非破壊検査が完了したら、次は切断などの作業を伴う不具合調査を行う。具体的な調査内容は不具合の種類や材料の状態によって変わるが、大きく分類して下記の 4 項目がある。なお金属材料の分析方法の詳細は 5 章に記す。

1. 成分分析
2. 金属組織観察
3. 硬さ試験
4. 加工工程の確認

　これらの調査を正常品と比較して行い、どのような異常が起きていたのかを突き止める。それによって不具合の原因を考察する。

6.5.1　成分分析

　成分分析の目的は材料の特定である。成分分析はミルシートなどに記載されている合金成分や不純物元素の分析である。これは化学組成、化学成分と呼ぶ時もある。化学成分は材料の特性や組織を左右する大事な項目であり、最優先で調べる項目である。分析方法としては ICP–AES、発光分光分析、GD–OES などがある。他にも特定の元素の分析に特化した装置がいくつかある。これら装置は ppm レベルで成分の分析が行える。

　また、全ての金属材料に共通することとして、金属材料は多かれ少なかれ成分の偏析が存在している。一方、成分分析は製品のわずかな量（ICP–AES で約 0.5 g、発光分光分析で数十 g）を採取して分析を行っている。そのため、分析採取位置が非常に重要になる。ミルシートと分析結果が近いほど、その材料は偏析が少なく均一な状態であると言うことができる。ミルシートと分析結果がやや離れている時は偏析が大きい可能性がある。しかし、ミルシートと分析結果が大きく離れている時は、そもそも材料の取り違いが起きている可能性も考えられる。

6.5.2　金属組織観察

　金属組織観察の目的は適切に製造されているか、および使用中に応力負荷などの変化がどのように起きたかという調査である。金属製品は最終形状になるまでに、鍛造、圧延、熱処理、プレス、表面処理など様々な加工を行う。このような加工履歴は材料の組織に直接的に影響する。それは、結晶粒径、マルテンサイト組織、時効析出物、加工の方向などによって組織に現われる。また、製品として使用している時の応力負荷による組織の変化も、結晶粒の変化やひずみの出現などによって観察できる。

このような金属組織は通常の金属組織観察で十分確認できる。組織観察する時に重要なのは採取位置、サンプル数、観察向きなどの項目がある。採取位置は不具合発生場所や製品の品質上重要な場所であるが、表面または中心などと不具合発生場所の位置関係も重要である。サンプル数は1つの時もあれば、複数の時もある。サンプル数を増すほど製品全体の金属組織の状態がよくわかるが、増やしすぎると時間とコストがかかる。観察向きとは、製品の縦、横、高さのどの方向を観察するかである。金属組織は3次元的な構造をしており、3次元的に均一な組織もあれば、ワイヤーやパイプのように縦と横で組織が大きく変化する製品もある。不具合品の組織観察をする時には、正常品も同じ位置、同じ向きで試料を採取し、組織観察をして結晶粒径などを比較する。

最近では、光学顕微鏡観察の後にSEMなどによって詳細な組織観察や不純物介在物のEDX分析を行うことが多い。SEMなどの電子顕微鏡では試料の導通が必要になる。金属試料をそのままの状態で観察するのであれば問題はないが、樹脂埋めすると導通が取れなくなるため、コーティングが必要になる。最初からSEM観察することが計画されているのならば、埋め込みで使用する樹脂をSEM観察用の樹脂にするのがよい。

6.5.3 硬さ試験

硬さ試験の目的は機械的性質の調査である。機械的性質には引張応力や伸びなどの項目があるが、毎回できるわけではない。硬さと引張応力には関連性もあり、その近似換算表を**表6.2**に示す[1]。硬さ試験は金属組織観察程度の大きさの試料によって手軽に機械的性質の調査ができる。また、熱処理品の品質は硬さで評価することがほとんどである。金属組織が適切であれば、硬さを大きく損なうことはない。硬さ試験は広い範囲で試料全体の平均的な硬さを調査したい時はブリネル硬さ試験、狭い範囲で硬さを調査したい時はビッカース硬さ試験やロックウェル硬さ試験を行う。

表6.2　硬さと引張強度との近似的換算表（抜粋）

ロックウェル硬さ C スケール（HRC）	ビッカース硬さ （HV）	ブリネル硬さ（HB） 10 mm 標準球	引張強度近似値 （MPa）
67	900		
64	800		
60	697		
55	595		2,075
49	498	(464)	1,695
41	402	381	1,295
30	302	286	950
(12)	204	194	650

6.5.4　加工工程の確認

　加工工程を調べる目的は、製造過程で異常が起きていたかどうかの確認である。通常、時間、温度、電圧などの条件は記録されている。そしてトラブルが発生すれば工程内不具合となるが、ここでいう異常とは記録に残りづらいオペレーターの感覚的なものである。普段よりも材料が硬めで加工しづらくなかったか、熱処理のための電気炉のセットで普段よりも時間がかからなかったか、などについてである。もし材料が硬ければ、組織の異常や偏析が考えられる。電気炉のヒーターが劣化していれば、温度セットに時間がかかり、均熱も悪くなり、炉内の場所によって熱処理条件が変化することなどが考えられる。近年は作業の可視化、言語化が進んでいるが、金属加工の分野では可視化、言語化しにくい領域もある。そのような場面でオペレーターの情報が解決の手掛かりになることもある。このような確認を円滑に進めるために、現場の5S活動などが十分に行われていることが重要である。

6.6　生産工程から見た不具合の種類

　金属材料に必要以上の応力負荷が発生すると割れなどの不具合が発生する。そして、割れた破面などを観察することで破壊の状況を考察し、不具合の原因調査のために金属組織や金属材料の知識が不可欠になる。そして、対策立案のためには単に金属材料の知識だけでなく、モノづくりや生産技術としての考えも必要になる。例えば「製品が割れた」という状況において、「製品品質に問題があった（不良品だった）ために割れた」という場合と「製品品質には全く問題がないにも関わらず割れた」という場合では全く意味が異なる。

　製品品質の不良であれば、不良のない製品を製造するために作業手順書にもとづいた教育、重要なポイントの説明などが必要である。しかし、製品品質に問題がない時は、予想以上の応力負荷が起きていないのか、制御しなければならない製造パラメーターが他にも存在するのか、などについて確認しなければならない。製品不具合自体の原因と製品不具合が発生する原因の両方について、それぞれ対策を取ることが本当の不具合対策になる。**図6.1**に原因考察のフロ

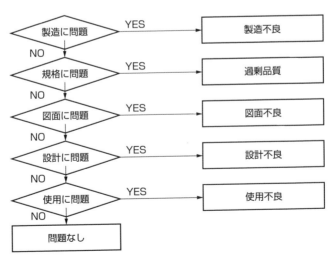

図6.1　原因考察のフローチャート

表6.3　不具合の事例

タイプ	内容
製造不良	図面、仕様書どおりに作れていなかった。
過剰品質	そもそも図面通りに製品が作れないほど、厳しい規格だった。
図面不良	図面、仕様書に書かれていない項目に重要な項目があり、その部分で不良が発生した。（製造消耗品の経年劣化もあり）
設計不良	図面、仕様書どおりの製品だったが、設計以上の応力がかかっていた。（応力値を低く見積もった）
使用不良	製品、仕様に問題はなかったが、誤った使用をしたために起きた。

表6.4　不具合の対策例

タイプ	内容
製造不良	図面、仕様書の教育、作業手順書徹底など
過剰品質	規格の見直し、教育、作業手順書徹底など
図面不良	図面、仕様書改訂、教育、作業手順書徹底など
設計不良	図面、仕様書改訂、教育、作業手順書徹底など
使用不良	顧客との仕様書取り交わしなど

ーチャートを示す。製造不良は製造に問題が起きたために製品品質に問題が発生した、いわゆる不良品である。過剰品質は製品品質に問題がなくても過剰品質の規格のため、不良品扱いされることである。図面不良は図面に問題があるため、図面通りに製造しても不具合が起こることである。設計不良は図面などの元になる強度設計などが間違っており、これで製造されたものは何度作り直しても不具合を起こす。使用不良は誤った使い方をしたために起きた不具合である。これには適切な使用方法を顧客に示す必要がある。

　これら不具合の事例と対策例を**表6.3**および**表6.4**に示す。残念ながら、不具合の原因が明確ではなくても不具合が起きることがある。この時の原因特定には特性要因図、散布図、層別などのQC7つ道具が有効だが、原因の特定には時間がかかることも多い。しかし、原因特定ができた時には新たな知見やノウハウが得られる。これらが積み重なって「技術力」となっていく。

参 考 文 献

1章

1) T. Foecke, Metallurgy of the RMS Titanic, *National Institute of Standards and Technology Report NIST-IR*, 6118, Gaithersburg, MD, 1998
2) 中尾政之『失敗百選 41 の原因から未来の失敗を予測する』森北出版、2005
3) 高橋政治、上野英生、佐野照晃、佐藤彰洋、村山肇、小柳拓央、佐藤智幸、藤田善宏『技術士試験「金属部門」受験必修テキスト』日刊工業新聞社、2012
4) タコマナローズ橋の崩壊─Tacoma Narrows Bridge、YouTube、https://www.youtube.com/watch?v=3mt6KpWvpbM

2章

1) 武井英雄、中佐啓治郎、篠崎賢二『機械材料学』オーム社、2013
2) E. Merson, A. V. Kudrya, V. A. Trachenko, D. Merson, V. Danilov, A. Vinogradov, Quantitative characterization of cleavage and hydrogen-assisted quasi-cleavage fracture surfaces with the use of confocal laser scanning microscopy, *Materials Science and Engineering:A*, Volume665, page35-46, 2016
3) 「技術レポート金属の疲労と特徴」川重テクノロジー株式会社、https://www.kawaju.co.jp/rd/material/report/characteristic.html
4) 中尾政之『失敗百選 41 の原因から未来の失敗を予測する』森北出版、2005
5) 国土交通省運輸安全委員会『鉄道重大インシデント調査報告書 RI2019-1-1』、2019

3章

1) 「ステンレス鋼の腐食について」新潟県工業技術総合研究所 http://www.iri.pref.niigata.jp/25new76.html
2) 武井英雄、中佐啓治郎、篠崎賢二『機械材料学』オーム社、2013
3) 「バルブの腐食」総合バルブコンサルタント株式会社、https://www.valveconsul.com/%E3%83%90%E3%83%AB%E3%83%96%E3%81%AE%E8%85%90%E9%A3%9F/

4章

1）「全国鉄鋼生産高／主要国粗鋼生産量」一般社団法人日本鉄鋼連盟、
https://www.jisf.or.jp/data/seisan/index.html

2）武井英雄、中佐啓治郎、篠崎賢二『機械材料学』オーム社、2013

3）T.B. Massalski, H. Okamoto, P.R. Subramanian, L. Kacprzak, *Binary alloy phase diagrams, 2nd edition*, ASM International, 1990

4）JIS G3101：2015　一般構造用圧延鋼材

5）JIS G3141：2017　冷間圧延鋼板及び鋼帯

6）JIS G4051：2016　機械構造用炭素鋼鋼材

7）JIS G4053：2016　機械構造用合金鋼鋼材

8）JIS G4403：2015　高速度工具鋼鋼材

9）JIS G4404：2015　合金工具鋼鋼材

10）JIS G4801：2011　ばね鋼鋼材

11）JIS G4805：2019　高炭素クロム軸受鋼鋼材

12）JIS G5502：2001　球状黒鉛鋳鉄品

13）野原清彦『ステンレス鋼大全』日刊工業新聞社、2016

14）「化学装置材料の基礎講座」旭化成エンジニアリング株式会社、
https://www.asahi-kasei.co.jp/aec/e-materials/vol_2.html

15）里達雄『アルミニウム大全』日刊工業新聞社、2016

16）「世界のアルミ産業」一般社団法人日本アルミニウム協会、
https://www.aluminum.or.jp/basic/worldindustry.html

17）土橋倫男「アルミニウムの製造技術　アルミニウムの製錬と精製」、『軽金属』、Vol.44、No.7、pp.406–417、(1994)

18）高橋正雄「アルミニウム溶融塩電解の発展と将来」、『軽金属』、Vol.37、No.1、pp.3–12、(1987)

19）F. Keller, M. S. Hunter, D. L. Robinson, Structural Features of Oxide Coatings on Aluminum, *Journal of the Electrochemical Society*, Vol.100, No.9, pp.411–419, (1953)

20）「アルミの溶接は難しいのか？上手くいかない場合の対処法、コツをまとめました。」株式会社 WELDTOOL,

https://www.weldtool.jp/article/yousetsu-mokuteki/3656

21）野原英孝『図解入門 現場で役立つ溶接の知識と技術』秀和システム、2012

22）「世界の銅地金産業」、「日本の銅地金産業」一般社団法人 日本伸銅協会、
http://copper-brass.gr.jp/copper-and-brass/about/global

23）赤木進「銅—乾式製錬法と電解精錬法」、『化学と教育』、Vol.47、No.5、pp.330-334、（1999）

24）「バルブの腐食」総合バルブコンサルタント株式会社、
https://www.valveconsul.com/%E3%83%90%E3%83%AB%E3%83%96%E3%81%AE%E8%85%90%E9%A3%9F/

25）藤井哲雄（監）『最新オールカラー図解 錆・腐食・防食のすべてがわかる事典』ナツメ社、2017

5章

1）JIS G4051：2016 機械構造用炭素鋼鋼材

2）日本分析化学会（編）、千葉光一、沖野晃俊、宮原秀一、大橋和夫、成川知弘、藤森英治、野呂純二（著）『分析化学実技シリーズ 機器分析編4 ICP発光分析』共立出版、2013

3）知恵賢二郎「金属材料等における元素分析（ガス分析）方法」、『IIC REVIEW』、No.41、pp.31-36、2009

4）材料技術教育研究会（編）『改訂版 金属組織の現出と試料作製の基本』大河出版、2016

5）ビューラー ITW ジャパン株式会社『PRODUCT CATALOG 2019』

6）日本表面化学会（編）『ナノテクノロジーのための走査電子顕微鏡』丸善、2004

7）B. D. カリティ（著）、松村源太郎（訳）『新版 X線回折要論』アグネ承風社、1980

8）鈴木清一「EBSD法の基礎原理と材料組織解析への応用」、『エレクトロニクス実装学会誌』、Vol.13、No.6、pp.469-474、2010

6章

1）SAE J 1983 改訂 硬さ換算表

索　引

福﨑昌宏（ふくざき・まさひろ）

福﨑技術士事務所　代表
技術士（金属部門）

1980 年　千葉県生まれ
2005 年　千葉工業大学　工学研究科　博士前期課程　金属工学専攻　修了
2005 年　金属加工メーカーに入社
2013 年　建設機械メーカーに転職
2017 年　技術士登録（金属部門）
2019 年　福﨑技術士事務所を開設、現在に至る
2020 年　東久邇宮文化褒章　受賞

金属材料の疲労破壊・腐食の原因と対策
原理と事例を知って不具合を未然に防ぐ NDC 563

2021年4月27日　初版1刷発行

定価はカバーに表示されております。

ⓒ　著　者　福﨑　昌宏
　　発行者　井水　治博
　　発行所　日刊工業新聞社
　　　　　　〒103-8548
　　　　　　東京都中央区日本橋小網町14-1
　　電　話　書籍編集部　03-5644-7490
　　　　　　販売・管理部　03-5644-7410
　　ＦＡＸ　03-5644-7400
　　ＵＲＬ　https://pub.nikkan.co.jp
　　e-mail　info@media.nikkan.co.jp
　　振替口座　00190-2-186076
　　印刷・製本　美研プリンティング㈱

落丁・乱丁本はお取り替えいたします。　2021 Printed in Japan

ISBN978-4-526-08127-9　C3057